Christian Obermüller

Reklamation als Chance

Christian Obermüller

Reklamation als CHANCE

Der Praxisleitfaden für herausfordernde Gesprächssituationen

SiGNUM

Besuchen Sie uns im Internet unter
www.signumverlag.de

© 2007 by Amalthea Signum Verlag GmbH, Wien
Alle Rechte vorbehalten
Schutzumschlag: g@wiescher-design.de
Satz: Fotosatz Völkl, Inzell/Obb.
Bilder: Birgit Reinthaler
Gesetzt aus der 11/12,6 Punkt Optima
Druck und Binden: GGP Media GmbH, Pößneck
Printed in Germany
ISBN: 978-3-85436-389-7

Inhalt

Die dritte Woche: Auf in die Praxis!

Die vierte Woche: Psychohygiene

Die fünfte Woche: Infos und Checklisten

Vorwort:
Das Ziel – der zufriedene Kunde

Liebe Leserin, lieber Leser!

Ziehen Ihnen manchmal reklamierende, nörgelnde Kunden den letzten Nerv? Wollten Sie schon mal über die Ladentheke oder durch das Telefon springen und Ihr Gegenüber würgen? Dann sind Sie kein »Fall für die Couch«, sondern haben mit dem Kauf dieses Buches einen wichtigen Schritt in Richtung zufriedene Kunden und für mehr Wohlbefinden in Ihrem Arbeitsalltag gemacht.

Eine professionelle Behandlung von Reklamationen und eine rasche Reaktion auf Beschwerden unzufriedener Kunden stellen für viele Unternehmen eine gute Gelegenheit dar zu beweisen, was sie ihren Kunde wirklich zu bieten imstande sind. In Phasen einer getrübten Kunden-Lieferanten-Beziehung besteht für Firmen die Chance, ihre Lösungsorientierung unter Beweis zu stellen. Zugegeben, unzufriedene Kunden sind im Vergleich zu zufriedenen Kunden in der ganz großen Minderzahl und fallen statistisch gesehen überhaupt nicht ins Gewicht.

Dürfen sie aber deshalb vernachlässigt werden? Nein – im Gegenteil!

Kundenbefragungen haben gezeigt, dass es zwei Arten von unzufriedenen Kunden gibt: die »Reklamierer«, die sich ärgern und sich bei Ihnen melden und beschweren, und die »Schweiger«, die sich zwar auch ärgern, aber sich bei Ihnen nicht beschweren, sondern hinterrücks über das Produkt oder die Firma schimpfen: bei den lieben Bekannten, Freunden, Nachbarn und Kollegen oder sogar bei deren Geschäftspartnern.

Von diesen Reklamationen erfahren Sie nichts.

Diese unzufriedenen Kunden, die nicht reklamieren, richten einen besonders großen Schaden an. Sie betreiben Negativpropaganda und sprechen mit bis zu zehn weiteren Personen über ihre schlechten Erfahrungen. Sie sind es auch, die dann später zum Mitbewerber abwandern.

Anders ist die Situation bei den »Reklamierern«. Sie ärgern sich zwar auch, sagen es Ihnen aber. Da liegt Ihre Chance als Kundenberater. So unangenehm die »Reklamierer« für Sie sind, sie können zu zufriedenen Kunden umgepolt werden. Und zwar durch die Art und Weise, wie Sie deren Reklamation behandeln.

Zufriedene Kunden verhalten sich auch ganz anders. Sie erzählen im Durchschnitt drei Personen von ihren positiven Erfahrungen, und sie entwickeln eine besondere Art der Kundenbindung. Denn sie haben am eigenen Leib erfahren, was es heißt, einen Freund in der Not zu haben und sich auf ein Unternehmen in einer schwierigen Situationen verlassen zu können.

So gesehen sind Reklamationen ein Geschenk für jedes Unternehmen!

Ein weiterer Aspekt, der für eine professionelle Reklamationsbearbeitung spricht, ist der Faktor der so genannten Kundengewinnungskosten.

Unter Kundengewinnungskosten versteht man die Kosten, die im Unternehmen entstehen, bis ein potenzieller Kunde zum tatsächlich kaufenden Kunden wird. Je länger eine Kundenbeziehung dauert, desto größer ist der Gesamtzeitraum, dem die Kundengewinnungskosten gegenübergestellt werden können. Denn anders als bei Investitionen in Einrichtung, Maschinen oder andere Investitionsgüter müssen Kundengewinnungskosten über den gesamten Zeitraum einer Kundenbeziehung abgeschrieben werden (der Wert einer Kundenbeziehung fällt ja nicht nach drei oder fünf Jahren automatisch auf null). Werden also Kunden auch im Falle einer Beschwerde zufrieden gestellt und Lösungen vereinbart, die für beide Seiten passen, dauert die »Lieferanten-Kunden-Beziehung« weiter an. Dies wirkt sich positiv auf die Loyalität und den Faktor Kundengewinnungskosten aus.

Zusätzlich geben loyale Kunden vielfach wertvolle Anregungen zur Verbesserung Ihrer Produkte, Ihrer Dienstleistungen oder Ihrer Serviceangebote. Es werden außerdem Kosten in Form von Fehlervermeidung eingespart. Ob Ausschuss, Rückläufer oder Kundenverluste – die von loyalen Kunden angeregten Qualitätsverbesserungen führen zu echten Einsparungen aufseiten des Unternehmens.

In Ihrer Hand liegt es, was aus dem unzufriedenen und reklamierenden Kunden wird: ein verlässlicher, loyaler Freund, der Werbung für Sie macht, oder ein verbitterter Feind, der von der Firma abrät. Aus diesem Grund ist professionelle Reklamationsbehandlung so wichtig!

Unzufriedene Kunden können durch eine professionelle Reklamationsbehandlung in zufriedene Kunden umgewandelt werden.

Ihr Ziel ist es also, durch professionelle Reklamationsbehandlung zufriedene Kunden zu schaffen.

Wie das geschieht, das ist das Thema dieses Buches.

Wie Sie dieses Buch lesen können

Dieses Buch ist in fünf Kapitel aufgeteilt. Jedes Kapitel beschreibt über den Zeitraum einer Woche unterschiedliche Themen. Jeweils montags bis donnerstags ein neues Thema und freitags die Zusammenfassung der vorangegangenen Woche. Freitags gibt es dann jede Woche auch noch Tipps, die Ihnen dabei helfen sollen, Ihre Vorhaben in die Praxis umzusetzen.

Dieses Buch liest sich also einfach und parallel zu Ihrem Arbeitsalltag. Sie investieren täglich nur zirka 30 Minuten und werden fünf Wochen lang begleitet und unterstützt.

Der leichteren Lesbarkeit halber habe ich nachfolgend auf die weiblich-männliche Schreibweise verzichtet. An dieser Stelle möchte ich mich bei meinen Leserinnen für ihr Verständnis bedanken.

Die erste Woche

Ihr persönlicher Reklamationsstil

In der ersten Woche werden Sie sich hauptsächlich mit Ihrem persönlichen Zugang zum Thema Reklamation und Ihrem Verhalten beschwerdeführenden Kunden gegenüber beschäftigen. Sie werden einen Blick auf andere Unternehmen und hinter die Kulissen der Kommunikation zwischen Kunde und Mitarbeiter werfen.

Tag 1:
Ihr Reklamations- und Konfliktverhalten

Heute starten Sie gleich mit einer Übung, in der Sie sich mit der Art und Häufigkeit der Reklamationen in Ihrem persönlichen Arbeitsumfeld beschäftigen. Ein guter Überblick verschafft Klarheit und zeigt Schwachpunkte in der eigenen und der firmeninternen Reklamationsabwicklung auf.

Übung: Ihre persönliche Reklamationsstatistik

Bitte überlegen Sie sich folgende Punkte und beantworten Sie die Fragen zu Ihrem Arbeitsalltag:

a)   Wie oft werde ich in einer Woche mit Beschwerden/ Reklamationen konfrontiert?

    – persönlich   – telefonisch   – schriftlich/per E-Mail

_____

_____

b)   Wie verhalten sich die reklamierenden Kunden meistens?

_____

_____

c) Die meisten Beschwerden beziehen sich auf folgende Punkte:

_____

_____

d) Meine persönlichen Schwächen in Bezug auf Beschwerden:

_____

_____

e) Meine persönlichen Stärken in Bezug auf Beschwerden:

_____

_____

f) Meine Erwartungen daher an das vorliegende Buch:

_____

_____

Selbsttest: Mein persönliches Konfliktpotenzial

Nun kommen wir zu einem so genannten Selbsttest, der Ihnen zeigen soll, ob Sie mit Ihrem Kommunikationsverhalten zur Bildung eines lösungsorientierten Klimas oder zur Entstehung von Konflikten beitragen. Lesen Sie bitte folgende zehn Aussagen durch und beantworten Sie diese mit Ja oder Nein. (Wenn Sie eine möglichst objektive Beurteilung Ihres Verhaltens erreichen möchten, können Sie die Fragen auch durch einen Kollegen und/oder einen Freund beantworten lassen.)

1. Treffe ich Entscheidungen vorwiegend nach meinen Interessen?

2. Merken meine Kunden, ob ich gut oder schlecht gelaunt bin?

3. Habe ich manchmal die Einstellung: »Man kann es den Kunden sowieso nicht recht machen; also strenge ich mich gar nicht besonders an, eine kundenorientierte Lösung zu finden«?

4. Kommt es vor, dass ich unter Zeitdruck Zusagen gebe, aus denen ich mich hinterher wieder herauszulösen versuche?

5. Vermeide ich es, Themen anzusprechen, wenn ich Zusagen nicht einhalten kann?

6. Schiebe ich unangenehme Entscheidungen so lange auf, wie es geht?

7. Kommt es vor, dass ich mich mit »nebulösen« Aussagen vor Entscheidungen drücke?

8. Entscheide ich von Fall zu Fall, wie bestimmte Reklamationsfälle gelöst werden?

9. Verhalte ich mich entsprechend der Einstellung: »Ironische Bemerkungen beleben den Alltag!«?

10. Betrachte ich Verbesserungsvorschläge von Kunden als Kritik?

Auswertung: Haben Sie häufig »Nein« als Antwort geben können, fördern Sie durch Ihr Verhalten ein Klima, in dem sich Kunden gut aufgehoben und verstanden fühlen. Jedes »Ja« bedeutet, dass Sie dieses Verhalten überdenken sollten, um Konflikte zu vermeiden.

Tag 2:
Wie machen es die anderen?

Willkommen am zweiten Tag! Oder haben Sie gleich weitergelesen? Auch in Ordnung, ganz wie Sie es mit Ihrem Tagesablauf verbinden möchten. Im nächsten Kapitel lesen Sie einige Presseausschnitte rund um das Thema Umgang mit Reklamationen und Beschwerdemanagement. Dabei handelt es sich um aktuelle Berichte oder Leserbriefe aus unterschiedlichen Tageszeitungen und Magazinen.

Lesen Sie bitte nun die Artikel aufmerksam durch und beantworten Sie danach die darunter befindlichen Fragen.

Beispiel 1:

Panne bei Brautkleidreinigung

Bei ihrer Hochzeit im Juni 2006 stand Frau M. in einem elfenbeinfarbenen Markenbrautkleid (Kaufpreis: 1090 Euro) vor dem Traualtar. Beim lustigen Hochzeitstreiben bekam es ein paar Rotweinflecken ab.

»Da ich das Kleid verkaufen wollte, ließ ich es bei der Textilreinigung XY reinigen, musste aber feststellen, dass der Tüll des Oberteils eingegangen war und mit dem Bustier darunter nicht mehr zusammenpasste«, berichtete Frau M. dem Ombudsmann einer Zeitung. Nach ihrer Reklamation sei von der Firma versucht worden, Tüll und Bustier anzupassen, sie habe dann aber den Reißverschluss nicht mehr schließen können.

Dazu eine Mitarbeiterin der Konsumenteninformation: »Durch die Reparatur sollte das Oberteil möglichst so aussehen wie vor der Reinigungspanne.« Die Schneiderin der Firma versuchte, das Oberteil des Brautkleids mithilfe eines dem Original ähnlichen Stoffes zu retten.

Frau M.: »Der Tüll schließt nicht mehr mit dem Bustier ab und sieht aus, als ob er verrutscht wäre.« Nach Vermittlung der Zeitung gab es eine einvernehmliche Lösung: Die Firmenchefin der Reinigungsfirma überwies Frau M. eine Entschädigung von 225 Euro.

Bitte beantworten Sie nun folgende Fragen:

1. Wurde der Kundin der Weg zu einer Lösung einfach gemacht?

2. War es nötig, erst nach Einschalten und Vermittlung der Zeitung zu reagieren?

3. Wie hätte Ihrer Meinung nach eine zufrieden stellende Lösung ausgesehen?

4. Wird die Kundin positiv über die Reinigungsfirma berichten und weiter als Kundin erhalten bleiben?

Beispiel 2:

Gebührenstreit nun »friedlich« beendet ...

Hartnäckigkeit zahlt sich halt doch aus! Dies erlebte Herr H. in einer Auseinandersetzung mit seinem Handybetreiber. Herr H. hatte eine Werbeaktion genutzt, die ihm für sein Handy einen Sondertarif und dazu noch ein Angebot, gratis ins Festnetz telefonieren zu können, versprach.

In der Rechnung vom Dezember jedoch wurde eine Gebühr für Gespräche ins Festnetz ausgewiesen. Nach Reklamation wurde ihm der Irrtum bestätigt, jedoch eine Arbeitsgebühr von 40 Euro berechnet. Herr H. ließ nicht locker, und – Hartnäckigkeit macht sich bezahlt – er erhielt nach neuerlicher, diesmal geharnischter Beschwerde, nun eine Gutschrift über 40 Euro ...

Bitte beantworten Sie nun folgende Fragen:

1. Wurde dem Kunden der Weg zu einer Lösung einfach gemacht?

2. War es nötig, erst nach einem zweiten Beschwerdebrief die Bearbeitungsgebühr zu erlassen?

3. Wie hätte Ihrer Meinung nach eine zufrieden stellende Lösung ausgesehen?

4. Wird der Kunde positiv über den Mobilfunkanbieter berichten und weiter als Kunde erhalten bleiben?

Mehr versprochen als gehalten

In 37 Ländern sollte das Auto-Navigationsgerät funktionieren, doch schon in Ungarn und Slowenien blieb es grau. Der kontaktierte Händler wollte das Navigationssystem nicht zurücknehmen.

Das funkelnagelneue Navigationsgerät eines Lesers litt offenbar am »Politiksyndrom«. In der Werbung wurde vollmundig versprochen, dass dieses Leitsystem eines deutschen Herstellers den Fahrer in 37 europäischen Ländern punktgenau an sein Ziel bringen würde. Doch »als ich in den letzten zwei Wochen in Ungarn und Slowenien unterwegs gewesen bin, sah ich auf dem Display nur ein graues Feld mit dem Cursor in der Mitte«, berichtet unser Leser.

Kein Straßennetz, nicht einmal die Bundesstraßen seien zu sehen gewesen. Und weil auch auf der Verschlussetikette des Navigeräts noch einmal alle Länder ohne irgendwelche Einschränkungen aufgezählt waren, fühlte sich unser Leser getäuscht und reklamierte direkt beim Hersteller: »Da ich in Grenznähe wohne und öfter in die Nachbarländer fahre, ist dieses Gerät für mich wert- beziehungsweise zwecklos. Ich ersuche um Rücknahme und Erstattung des Kaufpreises.«

Auch die Reaktion der Herstellerfirma gemahnte an die Politik: Auf die Reklamation des Kunden wurde nicht konkret eingegangen, die Schuld auf andere geschoben. Die Kartendaten würden dem Stand der Technik entsprechen, mit der Digitalisierung der osteuropäischen Länder wäre erst spät begonnen worden; gäbe es ein Update, werde man informieren, argumentierte man beim Customer-Service am Problem des Kunden vorbei.

Also wandte sich dieser an den Händler, um das Navigerät loszuwerden und sein Geld wieder zu bekommen. Aber auch hier wurde das Ansinnen des Kunden zuerst abgelehnt.

Eine Ombudsmann-Redaktion gab indes Schützenhilfe und versorgte die Beteiligten mit den notwendigen rechtlichen Informationen. »Das Ganze ist ein Fall für die Gewährleistung!«, brachten uns die Konsumentenschützer der Arbeiterkammer auf die richtige Spur.

Mit diesen Tatsachen konfrontiert, nahm der Händler das Navigationsgerät zurück.

Bitte beantworten Sie nun folgende Fragen:

1. Wurde dem Kunden der Weg zu einer Lösung einfach gemacht?

2. War es auch hier nötig, erst nach dem Einschalten eines Ombudsmannes die Rücknahme des Geräts zu veranlassen?

3. Wie hätte Ihrer Meinung nach eine zufrieden stellende Lösung ausgesehen?

4. Wird der Kunde positiv über den Navigationsgerätehersteller berichten und weiter als Kunde erhalten bleiben?

Beispiel 4:

Überraschung im Computerladen

Trotz intensiver Recherche im Internet und verschiedenen Datenbanken konnte ich keinen einzigen positiven Erfahrungsbericht zum Thema Reklamation finden. Wieder ein Beweis dafür, dass wir Menschen schlechte Erfahrungen (und somit auch negative Erlebnisse mit Reklamationen) lieber und öfter weitererzählen als positive Ereignisse. Deshalb hier nun eine Geschichte, die ich selbst miterlebt habe.

Vor wenigen Monaten wartete ich in einem Computerladen mit angeschlossenem Copyshop auf die Fertigstellung einiger Seminarunterlagen. Währenddessen betrat ein weiterer Kunde das Geschäft und konfrontierte den Mitarbeiter mit einem nicht funktionierenden, vor ein paar Tagen gekauften Joystick. Der Mitarbeiter nahm den noch verpackten Joystick zurück und vergewisserte sich, dass alle Teile vorhanden waren. Er entschuldigte sich bei dem Kunden für dessen Aufwand, griff ins Regal hinter sich und drückte ihm ein neueres Modell des Joysticks mit den Worten »Viel Spaß beim Spielen« in die Hand. Dieser bedankte sich mit ungläubigem Blick und zog sichtbar überrascht und beglückt von dannen.

Von mir auf den Vorfall angesprochen, antwortete der Mitarbeiter des Ladens: »Der neue Joystick kostet mir im Einkauf fünf Euro mehr als der zurückgebrachte. Um so wenig Geld kann ich keine so effektive Werbung bekommen wie die, die der zufriedene Kunde jetzt für mich macht!«

Bitte beantworten Sie nun folgende Fragen:

1. Wurde dem Kunden der Weg zu einer Lösung einfach gemacht?

2. Waren die fünf Euro gewinnbringend investiert?

3. Wird der Kunde positiv über den Computershop berichten und weiter als Kunde erhalten bleiben?

4. Wurde der Kunde zufrieden gestellt oder sogar positiv überrascht?

Ähnliche Geschichten und Vorfälle werden Sie bestimmt schon selbst erlebt haben oder von Bekannten und Freunden erzählt bekommen haben. Was haben diese Berichte nun gemeinsam? Das Verbindende ist, dass die Kunden sich vom gekauften Produkt oder der in Anspruch genommenen Leistung mehr erwartet haben, als dann tatsächlich eingetreten ist. Gemeinsam haben alle Fälle, dass sich die Kunden die Mühe gemacht haben, mit dem Verkäufer oder Dienstleister in Kontakt zu treten. Und verbindend ist die Tatsache, dass alle Reklamationen gelöst wurden.

Und dennoch wird höchstwahrscheinlich nur eines der oben genannten Unternehmen ihren Kunden mittelfristig an sich binden. Und mit ziemlicher Sicherheit wird nur in einem Fall ein Kunde positiv über die erledigte Reklamation berichten. Sie wissen genau, über welche …

Wo beschweren sich unzufriedene Kunden?

5 % beim Hersteller

45 % beim Händler

50 % gar nicht!

VBC

Mit dem Thema Kundenloyalität und Kundenbindung beschäftigte man sich auch in einer Studie von Mag. Dieter Tschermernjak vom Institut für Unternehmensführung an der Universität Innsbruck. Am Beispiel von Autokäufern wurde untersucht, unter welchen Umständen Kunden sich wieder für dieselbe Marke entscheiden. Hier nun eine Zusammenfassung der Ergebnisse:

Kundenzufriedenheit alleine genügt nicht mehr, wir brauchen verblüffte Kunden!

Fragt man Autobesitzer, ob sie mit ihrer Marke **zufrieden** sind, geben 89 Prozent die Antwort »Ja«. Jedoch nur 40 Prozent dieser **zufriedenen** Kunden kaufen dieselbe Marke wieder!

»Also was hilft es, einen **zufriedenen** Kunden zu haben?« Nur **höchstzufriedene**, **verblüffte** Kunden erreichen eine für das Unternehmen hilfreiche Kundenloyalität.

Denn immerhin 91 Prozent dieser **höchstzufriedenen**, **positiv verblüfften** Kunden entscheiden sich beim Neukauf eines

Autos wieder für dieselbe Marke (mehr als doppelt so viele wie »nur zufriedene Kunden«).

Was wir brauchen, sind also begeisterte, verblüffte Kunden.

Professionell geführte Reklamationsgespräche sind die beste Gelegenheit, begeisterte und positiv verblüffte Kunden zu gewinnen!

Machen Sie es Ihren Kunden leicht, ihre Reklamation, ihre Beschwerde in Ihrem Unternehmen zu platzieren. Reklamierende Kunden sind unbezahlte Unternehmensberater. Sie geben Ihnen wertvolle Tipps, wie Sie in Zukunft Fehler vermeiden und noch kundenorientierter agieren können.

Tag 3:
Kommunikation

Im heutigen Kapitel werfen Sie wie angekündigt einen Blick hinter die Kulissen der Kommunikation. Was kommt beim Kunden wirklich an? Auf welchen Ebenen reden wir miteinander? Warum akzeptiert der Kunde meine sachlich richtige Lösung nicht immer? Usw.

Antworten auf diese und noch viele andere Fragen gibt es im heutigen Kapitel.

Man kann nicht nicht kommunizieren!

(Paul Watzlawick)

Dieses »Grundgesetz« der Kommunikation (Paul Watzlawick, Kommunikationswissenschaftler) sagt aus, dass jedes Verhalten, jede verbale und nonverbale Äußerung Mitteilungscharakter hat (nähere Informationen dazu in Stefan Verras Buch »Die Körpersprache im Verkauf«, siehe Literaturliste am Buchende) und wichtige Botschaften und Einstellungen transportiert. Wir müssen also gar nichts sagen, um zu kommunizieren. Achten Sie deshalb auf Ihre Mimik und Ihre Gestik, wenn Sie mit Kunden im persönlichen Kontakt kommunizieren.

Die umseitig angeführte Kommunikationspyramide (Albert Mehrabian, Professor an der University of California) stellt deutlich dar, wie sich die einzelnen Bestandteile unserer Kommunikationsmöglichkeiten zueinander verhalten.

Kommunikationspyramide

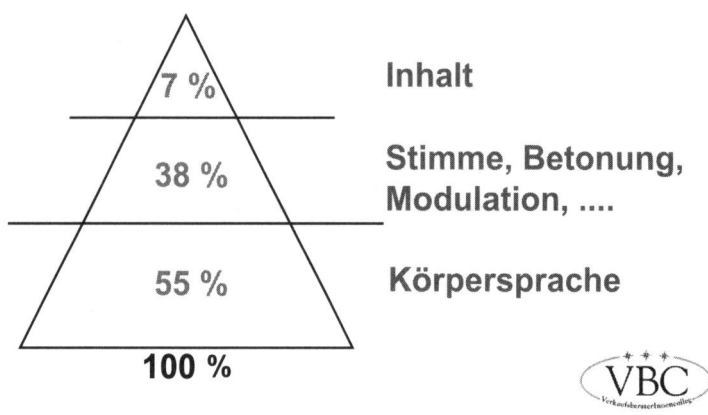

7 %	Inhalt
38 %	Stimme, Betonung, Modulation, ...
55 %	Körpersprache
100 %	

Sach- und Beziehungsebene in der Kommunikation

Nach Paul Watzlawick verläuft also jede Kommunikation auf zwei Ebenen. Der Sachebene (oder Inhaltsebene) und der Beziehungsebene (oder Emotionsebene).

Die Sachebene liefert die Informationen. Auf dieser Ebene werden Zahlen, Daten und Fakten einer Nachricht gesendet. Zum Beispiel die Produktnummer oder das Lieferdatum, die Rechnungsnummer, die Konditionen oder welcher Monteur, wann und wo beim Kunden war.

Die Art und Weise, wie etwas gesagt wird, ist die Beziehungsebene in der Kommunikation. Die Beziehung zwischen den beiden Gesprächspartnern hat entscheidenden Einfluss auf die Inhaltsebene. Ist die Beziehungsebene positiv, können sachliche Inhalte zum Gesprächspartner durchdringen. Je besser die Beziehungsebene, desto einfacher die Kommunikation auf der Sachebene.

Ist die Beziehungsebene jedoch gestört, dann überdeckt die Beziehung den Inhalt, und die Informationen werden nur zum Teil oder gar nicht aufgenommen.

Für uns als Mitarbeiter hat dies im Falle einer Reklamation enorme Auswirkungen:

Ein verärgerter Kunde ist Ihren sachlichen Argumenten (Zahlen, Daten, Fakten = Sachebene) erst dann zugänglich, wenn Sie die »vernebelte« Beziehung wieder hergestellt haben. Erst wenn Sie auf die Emotionen Ihres Gegenübers eingehen, weiß der Kunde, dass Sie ihn und sein Anliegen ernstnehmen und verstehen. Nur danach wird ein lösungsorientiertes Reklamationsgespräch möglich sein.

Lesen Sie bitte den nachfolgenden Dialog zwischen einem Kunden, der wegen einer defekten Kaffeemaschine reklamiert, und dem Fachverkäufer eines Elektrowarengeschäfts, und beantworten Sie die nachfolgenden Fragen.

»Die defekte Kaffeemaschine«

Kunde: Also, ich habe vor etwa zwei Monaten diese Kaffeemaschine bei Ihnen gekauft.

Verkäufer: Ich erinnere mich. Und was ist damit?

Kunde: Heute Morgen wollte ich mir einen Kaffee machen, und als ich aus dem Bad kam, war der Filter noch trocken, und im Wasser hat sich auch nichts bewegt.

Verkäufer: Passen Sie auf, ich stecke den Stecker jetzt hier rein, und wir werden sehen, was passiert.

Kunde: Das tun Sie mal, ich würde mich wundern, wenn das Ding jetzt wieder läuft.

Verkäufer: Haben Sie auch nicht vergessen, die Maschine einzuschalten?

Kunde: Also, jetzt hören Sie mal!

Verkäufer: Ja, sieht nicht so aus, als ob sich da was tut.

Kunde: Kann ja auch nicht, die Maschine ist kaputt!

Verkäufer: Kaputt, kaputt, das kann man so nicht sagen.

Kunde: Ha, wie würden Sie es denn nennen? Sie sehen doch, dass das Ding nicht funktioniert!

Verkäufer: Vielleicht ist da ja nur ein Wackelkontakt im Kabel oder im Schalter.

Kunde: Hab ich doch schon alles probiert.

Verkäufer: So, haben Sie alles probiert?

Kunde: Ist ja auch egal, also ich möchte, dass Sie mir diese Maschine umtauschen.

Verkäufer: Das würde ich gerne tun, aber so einfach geht das nicht.

Kunde: Ja, Moment mal, haben Sie mir nicht damals diesen Garantieschein eigenhändig ausgefüllt?

Verkäufer: Ja, hab ich.

Kunde: Also, jetzt sind noch keine zwei Monate um, und ich bringe Ihnen Ihr Schmuckstück zurück.

Verkäufer: Ist ja auch alles richtig, deshalb werden wir das Gerät so schnell wie möglich einschicken und reparieren lassen.

Kunde: Ist das alles, was Sie mir anbieten können?

Verkäufer: Schauen Sie, nicht wir sind für die Gewährleistung der Garantie verantwortlich, sondern der Hersteller. Und in seinen Garantiebestimmungen steht (liest vor): Soweit Ersatzleistungen gesetzlich verpflichtet sind, werden wir unter Ausschluss des Rechts auf Wandlung oder Minderung nach unserer Wahl entweder kostenlos nachbessern oder kostenlos Ersatz leisten.

Kunde: Und was heißt das?

Verkäufer: Das heißt, dass dieser Hersteller für Sie als Kunde das Recht auf Rückgängigmachung des Vertrags oder auf Kaufpreisreduzierung ausdrücklich ausschließt. Also, wir senden das Gerät jetzt ein und erhalten vom Hersteller meistens ein Ersatzgerät. Nur müssen wir darauf ein bisschen warten. Das Einzige, was wir jetzt für Sie tun können, ist, dass wir die Sache so schnell wie möglich abwickeln.

Kunde: Und wie lange dauert so etwas?

Verkäufer: Nach unseren Erfahrungen zwei bis drei Wochen.

Kunde: Sagen Sie mal, das darf doch wohl nicht Ihr Ernst sein! Ich verlange von Ihnen eine andere Maschine, und zwar sofort.

Verkäufer: Hören Sie, es tut mir wirklich Leid, dass Ihnen das mit der Maschine passiert ist, aber ich kann Ihnen unmöglich eine andere dafür mitgeben.

Kunde: Warum denn nicht, es stehen doch genug da?

Verkäufer: Ja, und was mache ich mit dieser Maschine?

Kunde: Na, reparieren und verkaufen!

Verkäufer: Wir sind doch kein Trödelladen!

Kunde: Das interessiert mich alles nicht, guter Mann, ich habe Ihnen ordentliches Geld gegeben, dafür kann ich ordentliche Ware verlangen. Aber ich hätte diese Maschine von Anfang an nicht nehmen sollen.

Verkäufer: Ich kann nur wiederholen, dass es mir wirklich Leid tut, dass Ihnen das mit der Maschine passiert ist. Eigentlich haben wir mit diesem Produkt nie Ärger gehabt. Und wenn Sie mich heute fragen würden, dann würde ich Ihnen die gleiche Maschine nochmals empfehlen.

Kunde: Also, ich möchte jetzt den Geschäftsführer sprechen.

Übung:
Wie beurteilen Sie das Verhalten des Verkäufers?

Hört der Verkäufer dem Kunden wirklich zu?

❏ Ja   ❏ Nein   ❏ Teils, teils

Stellt der Verkäufer Fragen, um das Problem zu analysieren?

❏ Ja   ❏ Nein   ❏ Teils, teils

Macht der Verkäufer Vorschläge, wie das Problem zu beheben sei, und bezieht er den Kunden mit ein?

❏ Ja   ❏ Nein   ❏ Teils, teils

Geht der Kunde mit einem Gefühl der Zufriedenheit nach Hause?

❏ Ja   ❏ Nein   ❏ Teils, teils

Wie beurteilen Sie das Verhalten des Verkäufers?

_____

Welche Konfliktpotenziale sehen Sie?

_____

An welchen Stellen des Dialogs werden Sachinformationen von Beziehungsbotschaften überlagert?

_____

Denken Sie also immer daran: Ihr emotionaler Kunde hört die von Ihnen vorgebrachten sachlichen Lösungen meist nicht. Erst wenn Sie auf ihn auf der emotionalen Ebene eingegangen sind, ihn dort abgeholt haben, können Sie daran denken, Lösungsvorschläge zu erörtern.

Tag 4:
Beziehungskiller

Der heutige Tag steht ganz im Zeichen der Dinge, die Sie tunlichst im Kontakt mit reklamierenden Kunden vermeiden sollten. Aufgrund zahlreicher Beobachtung stellen sich einige Problembereiche dar, die quer durch alle Branchen immer wieder zu Beanstandungen führen. Diese Faktoren lassen sich meist ohne großen Aufwand erkennen, und ihre Ursachen lassen sich beseitigen. Hier nun die fünf gängigsten Beziehungskiller:

Fehlende Standards

Definieren Sie genaue Standards in der Abwicklung Ihrer Reklamationsfälle. Manche Beschwerden wiederholen sich, und die Lösung muss micht jedes Mal neu erfunden werden. Persönliche Unsicherheit im Umgang mit Beschwerden, Unklarheit in den Prozessen, verärgert Kunden noch zusätzlich. Sorgen Sie für klare Prozesse und Standards. Mehr dazu auch im Kapitel »Psychohygiene, Tag 19«.

Wer hat Schuld?

Suchen Sie keinen Schuldigen für die Misere! Ob die EDV-Abteilung, die Buchhaltung oder der Kollege von nebenan den Fehler begangen oder die leere Versprechung getätigt hat, interessiert wirklich niemanden. Ihre Kunden wollen Lösungen – und danach sollten Sie suchen!

Was bildet sich der denn ein?

Wenn Sie die Anschuldigungen des beschwerdeführenden Kunden persönlich nehmen, ist der Absturz ist vorprogrammiert. Ihr Kunde kennt Sie meist ja gar nicht persönlich. Warum sollte er dann die in der Hitze des Gefechts vielleicht persönlichen verbalen Angriffe tatsächlich so meinen? Denken Sie immer daran: Ihr Gegenüber ist im Reklamationsfall meist sehr emotional und meint bestimmt nicht Sie persönlich! Zu diesem Thema gibt es im Kapitel »Psychohygiene« noch mehr Informationen.

Das alte »Recht-haben-Spiel«

Es geht nicht darum, wer Recht hat. Aussagen wie »Das habe ich Ihnen beim letzten Telefonat ja auch schon erklärt!« oder »Sehen Sie, das habe ich Ihnen ja gleich gesagt!« nützen hier nichts.

Wer in Reklamationsgesprächen in Gewinner-Verlierer-Kategorien denkt, hat bereits verloren – und zwar den Kunden. Gewinnen Sie die Kunden, indem Sie nicht »Recht haben« spielen, sondern dafür sorgen, dass Ihre Kunden gewinnen!

Berufen Sie sich auf Formalitäten

»Das machen wir immer so!«, »So steht es bei uns in den Standards!«, »Da kann ich leider nichts machen, ich muss hier so handeln!«, …

Absturzgefahr! Standards sind wichtig – keine Frage, das haben wir auch im ersten Punkt oben angeführt. Und dennoch: Ihr Kunde will individuell behandelt werden und dies auch hören! Vermitteln Sie Ihren Kunden das Gefühl, eine für sie induviduelle Lösung zu finden, und sagen Sie ihnen das auch.

Tag 5:
Fünf Praxistipps für die Umsetzung

Jede Woche beenden wir mit einer Zusammenfassung der wichtigsten Inhalte der vorangegangenen Kapitel in fünf Tipps.

Zusätzlich gibt es noch eine sehr einfache, aber hilfreiche Idee, die Ihnen bei der Umsetzung Ihrer Vorhaben in die Praxis helfen wird.

Praxistipp 1:

Behalten Sie den Überblick. Führen Sie Ihre persönliche »Mini-Statistik« über die Anzahl, Art und Inhalt der Reklamationen. Und halten Sie auch fest, wie die Reklamationen erledigt wurden. Nur wer den Überblick hat und seine eigenen Ergebnisse kennt, kann auch professionell reagieren. Eine Checkliste dazu gibt es im Kapitel »Psychohygiene, Tag 19«.

Praxistipp 2:

Lernen Sie von den anderen. Gehen Sie mit offenen Augen durchs Leben und beobachten Sie, wie andere Unternehmen, Behörden und Institute mit Reklamationen umgehen. Übernehmen und implementieren Sie positive Vorgehensweisen in die Reklamationsstrategien Ihres Unternehmen und überprüfen Sie bei negativen Beispielen Ihre eigene Handlungsweise auf Parallelen.

Praxistipp 3:

Machen Sie es Ihren Kunden leicht, ihre Beschwerden zu deponieren. Denken Sie daran: Kunden, die sich beschweren, haben die Hoffnung noch nicht aufgegeben. Sie geben Ihnen noch eine Chance. Nur Reklamationen, die Sie hören, können Sie auch lösen!

Praxistipp 4:

»Man kann nicht nicht kommunizieren!« Der Inhalt einer Botschaft beträgt oft nur sieben Prozent der Kommunikationsmöglichkeiten. Über Ihre Mimik, Gestik und das, »wie« Sie etwas sagen, verraten Sie dem Kunden Ihre wirkliche Einstellung. Oft unterbewusst und dennoch spürbar.

Praxistipp 5:

Vermeiden Sie Beziehungskiller in der Kommunikation. Fehlende Standards, die Schuldfrage, sich persönlich angegriffen zu fühlen, Recht haben zu wollen und Formalitäten helfen Ihnen höchstens, die Diskussion zu gewinnen – und dabei den Kunden zu verlieren!

Nun haben wir die vergangene Woche in fünf Tipps zusammengefasst, und Sie haben sich sicherlich einige der Ideen als Umsetzungsvorhaben überlegt. Wie stellt man es nun an, dass es nicht nur bei den guten Vorsätzen bleibt, sondern dass möglichst viele Ihrer Vorhaben auch Wirklichkeit werden? Dazu gibt es viele unterschiedliche Methoden. Eine in unzähligen meiner Seminare erprobte ist, mit »Post-its« (kleine selbst klebende Haftnotizen) zu arbeiten. Wie das funktioniert, lesen Sie jetzt.

Umsetzung in Ihre Praxis

Überlegen Sie sich, welche maximal fünf Vorhaben aus der vergangenen Woche Sie in den nächsten Tagen umsetzen wollen.

Besorgen Sie sich dann einen Block Post-its. Nun beschriften Sie jeweils ein Blatt mit einem Stichwort, welches Ihr Umsetzungsvorhaben beschreibt und idealerweise positiv formuliert ist. (Positiv formulieren bedeutet: Vermeiden Sie verneinende Satzkonstruktionen und bestimmte negativer Wörter wie **kein**, **nicht**, **leider**. Positive Formulierungen sind nachweislich besser verständlich, eingängiger und verursachen weniger Missverständnisse. Beispiel: »*Ich lasse mich nicht ärgern!*« Besser, weil positiv formuliert: »*Ich bleibe ruhig und gelassen!*«)

Einige Beispiele:

1. Post-it: »*Ich behalte den Überblick und führe meine persönliche Reklamationsstatistik.*«

2. Post-it: »*Ich bleibe auch bei persönlichen Angriffen gelassen.*«

3. Post-it: …

Bringen Sie danach die bis zu fünf beschrifteten Post-its (alle kleben noch übereinander, das Wichtigste befindet sich ganz oben) an einem für Sie gut sichtbaren Bereich Ihres Arbeitsplatzes (PC-Bildschirm, Schreibtisch, Pinnwand, Armaturenbrett im Auto …) an.

Ab diesem Zeitpunkt begleitet Sie das erste Umsetzungsvorhaben so lange, bis diese Idee in Ihr Kommunikationsverhalten integriert ist. Nun die Klebenotiz runternehmen und am Ende der fünf »Post-its« anbringen. Danach widmen Sie sich der zweiten Aufgabe usw.

Nach einigen Tagen rückt das erste Post-it wieder an die oberste Stelle, und Sie können überprüfen, ob sich die neue Verhaltensweise in Ihren Arbeitsalltag integriert hat oder ob Sie das Umsetzungsvorhaben noch ein paar weitere Tage in Ihrem Blickfeld kleben lassen.

Auf diese Weise übernehmen Sie nach und nach eine Idee nach der anderen in Ihr kundenorientiertes Reklamationsverhalten.

Wenn Kunden sauer sind

Willkommen nach einem hoffentlich erholsamen Wochenende in der zweiten Woche. Nachdem Sie sich in der ersten Woche hauptsächlich mit Ihren persönlichen Reklamationsstrategien und dem Reklamationsmanagement Ihres Unternehmens beschäftigt haben, geht es nun in der zweiten Woche endlich um den Kunden. Wie ist es Ihnen selbst als reklamierender Kunde ergangen? Welche Reklamationstypen kann man unterscheiden, und welche Formulierungen und Reizwörter verwenden Sie lieber nicht? Und was sich Kunden tatsächlich erwarten; all das ist Inhalt der nächsten Kapitel.

Nun viel Freude beim Lesen, und auf in die zweite Woche!

Wenn Kunden reklamieren, dann ist ihnen etwas Unangenehmes widerfahren. Sie sind deshalb in der Regel stinksauer: sauer auf das Produkt, die Firma oder den Verkäufer. Je nach Temperament wird ihr psychischer Zustand von einer Mischung aus Ärger, Wut, Hilflosigkeit, Enttäuschung, Frustration und Angst geprägt.

Sie als Kundenberater sind derjenige, an den der Kunde sich zuerst wendet und der seine üble Laune ganz unmittelbar zu spüren bekommt.

Gerade in den ersten Sekunden, wenn der Kunde seine Reklamation vorbringt, stehen diese negativen Gefühle im Vordergrund. Sie werden nur dann eine zufrieden stellende Reklamationsbehandlung durchführen können, wenn es Ihnen gelingt, seine negativen Gefühle abzuleiten und zu neutralisieren.

Je besser Sie mit seinen Emotionen umgehen können, desto zufriedener wird der Kunde nach der Reklamationsbehandlung sein.

Wie können Sie die negativen Gefühle des reklamierenden Kunden abbauen?

Fünf wichtige Grundsätze haben sich bewährt:

– Bleiben Sie ruhig und ausgeglichen!
– Lassen Sie den Kunden ausreden!
– Zeigen Sie Verständnis und sagen Sie das dem Kunden!
– Lassen Sie ihn von seinem Missgeschick erzählen und hören Sie aktiv zu!
– Bleiben Sie vorurteilsfrei!

Fazit:

Der erste und wichtigste Schritt bei der Reklamation besteht darin, dem Kunden zu helfen, seine negativen Gefühle loszuwerden.

Hilfreich dabei ist es, in die Rolle des Kunden zu schlüpfen und die Sachlage einmal aus seinem Blickwinkel zu betrachten.

Tag 6:
Rollentausch – Sie als Kunde

Heute geht es darum, sich in die Rolle Ihrer reklamierenden Kunden zu versetzen. So können Sie deren Gefühle und Reaktionen am besten nachvollziehen und verstehen. Zu diesem Zweck beschäftigen Sie sich bei der nächsten Übung mit einem eigenen Reklamationsfall, also einer aus Ihrer Kundensicht persönlich erlebten Reklamation.

Übung: »Als ich selbst unzufriedener Kunde war«

Denken Sie einmal an eine Situation zurück, in der Sie selbst der reklamierende Kunde waren und nicht optimal behandelt wurden!

Was war der Anlass für Ihre Reklamation? Womit waren Sie nicht einverstanden?

_____

_____

Wie war Ihnen zumute? Wie fühlten Sie sich in dem Moment, als Sie den Grund der Reklamation bemerkten?

_____

_____

Wie wurde Ihre Beschwerde behandelt? Wie reagierte der Mitarbeiter, das Unternehmen auf Ihre Reklamation?

_____

_____

Wie haben Sie sich danach gegenüber dem Unternehmen verhalten? Sind Sie noch immer zufriedener Kunde dieses Unternehmens?

_____

_____

Nun fällt es doch gleich um einiges leichter, den verärgerten Kunden am Telefon oder im persönlichen Gespräch zu verstehen. Wann immer Sie sich über reklamierende Kunden ärgern, denken Sie daran: Auch Sie waren schon mal in der Kundenrolle, und Ihnen erging es nicht viel anders.

Tag 7:
Verschiedene Reklamationstypen

Die nachstehend angeführten Reklamationstypen sollen keine »Schubladisierung« Ihrer Kunden bedeuten. Die Erkenntnis »Kundentyp X verlangt immer Strategie Y« wäre eine irreführende. Jeder Kunde benötigt eine individuelle Handhabung seines Anliegens. Dennoch haben sich in den vergangenen Jahren während der Auseinandersetzung mit dem Thema drei immer wieder auftretende Kundentypen herauskristallisiert. Und wer seine Kunden kennt und einschätzen kann, ist sicherlich im Vorteil.

Der emotionale Kundentyp

Wenn man an Reklamationen denkt, fällt einem meist dieser Kundentyp ein. Diese Kunden machen ihrem Ärger lauthals Luft, manchmal aufbrausend und meist stark emotionalisiert. Eine sachliche Erörterung des Problems und Lösungsangebote sind erst nach einer »Abkühlphase« sinnvoll. Wie Sie diese Phase in sieben Schritten professionell einleiten und den Kunden dadurch »klimatisieren«, erfahren Sie im Kapitel »Auf in die Praxis!, Tag 11« (Neugierige dürfen natürlich gleich dorthin blättern).

Stille Wasser

… sind tief. So lautet ein altes Sprichwort. Das trifft auch auf die in diesem Absatz beschriebenen Kunden zu. Nicht alle mit einem Produkt oder einer Leistung unzufriedenen Kunden wenden sich aufbrausend und lautstark an uns. Immer wieder begegnen uns Kunden, die sachlich reklamieren, verständliche Argumente vorbringen und dabei auch noch den richtigen Ton treffen. Auch wenn das Gespräch trotz des wenig erfreulichen Grundes auch noch so angenehm erscheint, ist hier auf jeden Fall Vorsicht angesagt.

Diese Kunden treffen ihre Entscheidungen ebenso sachlich, wie sie ihre Argumente vorbringen. Das bedeutet, wenn wir es nicht schaffen, diesen Kundentypen zufrieden zu stellen, wandert er direkt zum Mitbewerb ab. Also gerade wegen des angenehmen Gesprächsklimas – voller Einsatz ist gefragt!

Es gelten dieselben Regeln wie beim »emotionalen Kundentypen«, trotz angenehmeren klimatischen Verhältnissen.

Der Hauptberufliche

Es gibt ihn in jedem Unternehmen. Oftmals verfügt sogar jede Filiale über einen oder mehrere, mittlerweile meist gut bekannte Kunden dieser Spezies. Die Hauptberuflichen nutzen jede Gelegenheit aus, um Ihnen zu erklären, was falsch läuft oder was Sie in Zukunft besser machen könnten. In der Regel steckt hinter dem eigentlichen Reklamationsgrund ein anderes Thema. In vielen Fällen ein Thema, das weder Sie persönlich noch Ihr Unternehmen betrifft, manchmal einfach die Suche nach einem Ventil, um Ärger, Frust und Unzufriedenheit abzulassen.

Drei Dinge sind in diesem Fall unbedingt zu beachten:

Sie müssen mit Ihren Kunden nicht in den Urlaub fahren!

Ob unsympathisch oder nicht, sei dahingestellt. In dieser Situation müssen Sie einen klaren Kopf bewahren und freundlich bleiben.

»Stay cool!«

Überhören Sie persönliche Angriffe und bleiben Sie rational. Sobald Sie mit der gleichen Tonlage zum Gegenangriff »blasen«, haben Sie verloren. Dieser Kundentyp wartet nur darauf, sich mit Ihnen ein Duell zu liefern. Sie sind der Kommunikationsprofi, also führen Sie das Gespräch!

Irgendwann ist Schluss!

Klar, Sie sind die Profis in der Kommunikation. Und als solche benötigen Sie auch eine höhere »Schmerzgrenze« als unsere Kunden. Dennoch ist spätestens bei massiven Beleidigungen oder gar Bedrohungen »Schluss mit lustig«. In diesen Fällen empfiehlt es sich, das Gespräch sachlich und knapp mittels »Ichbotschaften« zu beenden. Beispiel: »*Ich fühle mich im Moment zu sehr persönlich angesprochen und werde das Gespräch nun beenden!*« Ichbotschaften sagen immer etwas über Sie persönlich aus und greifen keine Handlung oder Aussage Ihres Kunden an.

In vielen Fällen rufen Kunden, nachdem der Dampf verraucht ist und die Nebel sich gelichtet haben, an und entschuldigen sich.

So, nun haben Sie die drei wichtigsten Reklamationstypen kennen gelernt. Ich bin überzeugt, wenn Sie nun in Gedanken Ihre letzten Reklamationsgespräche Revue passieren lassen, wird sich der eine oder andere Kunde sicherlich gut in die Kategorien einordnen lassen. Mit großer Wahrscheinlichkeit haben Sie auch schon Ihren »Hauptberuflichen« entdeckt.

Bei all den Überschneidungen bedenken Sie jedoch, wie anfangs erwähnt: Nicht oberflächliches »Schubladisieren« ist angesagt, sondern auf Kundentypen vorbereitet sein und individuell agieren bringt den Erfolg!

Tag 8:
Formulierungen und Reizwörter, die Sie besser vermeiden sollten

Heute dreht sich alles ums gesprochene Wort. Sie beschäftigen sich heute mit den Wörtern und Formulierungen, die meist nicht böse gemeint, die aber dennoch das Gespräch wesentlich beeinflussen, ab und an so »rausrutschen« oder möglicherweise aus Unwissenheit bereits zum fest verankerten Wortschatz gehören.

Falls Sie also Ihre Kunden endgültig verlieren wollen, können Sie gerne folgende Formulierungen anwenden.

- »Das ist ja völlig ausgeschlossen.«
- »Das kann nicht stimmen.«
- »Da müssen Sie sich täuschen«
- »Das gibt es nicht.«
- »Das kann ich mir nicht vorstellen.«
- »Das habe ich noch nie gehört.«
- »Das ist noch nie vorgekommen.«
- »Sie sind der Erste.«
- »Sie sind der Einzige.«
- »Da müssen Sie selber etwas falsch gemacht haben.«
- »Sie sind sicher besonders empfindlich.«
- »So etwas kann bei uns gar nicht vorkommen.«
- »Vergessen Sie bitte nicht, wer wir sind.«

- »Dafür haben wir zu lange Erfahrung.«
- »Keiner von unseren wirklich wichtigen und guten Kunden hat bisher Anlass gefunden, so etwas zu bemängeln.«
- »Ich kann Ihnen da nicht helfen – und der Kollege ist auf Urlaub. Rufen Sie nächste Woche wieder an …«
- »Warum schimpfen Sie denn mit mir? Ich kann doch nichts dafür.«
- »Im Moment kann ich gar nichts unternehmen, der Computer ist abgestürzt, die Kollegin ist auf Pause …«
- »Ja, haben Sie denn die Vertragsbestimmungen nicht gelesen?«
- »Moment bitte, ich habe noch einen wichtigen Kunden …«
- »Mein Gott, jetzt beruhigen Sie sich doch.«
- »Ich kann Ihnen gar nichts versprechen …«

Mit der Verwendung derartiger Formulierungen und Reizwörter unterstellen Sie dem Kunden latent, nicht die Wahrheit zu sagen, und Sie ziehen seine Glaubwürdigkeit in Zweifel (»Da müssen Sie sich täuschen!«). Wenig wohler fühlt sich Ihr Kunde auch, wenn Sie ihm Angst machen (»Oje, das letzte Mal wurde das sehr teuer!«) oder Desinteresse für sein Anliegen erkennen lassen (»Sie sind nicht der Einzige …«).

Übung: Meine »Lieblings-Reizwörter«

Arbeiten Sie nun die vorher angeführten Formulierungen und Reizwörter durch. Überprüfen Sie, welche in der dargestellten oder in einer abgewandelten Form Ihrem Wortschatz und Sprachgebrauch entsprechen. Tragen Sie diese in die linke Spalte der unten stehenden Liste ein und ergänzen Sie diese noch mit eigenen Wörtern, die nicht aufgeführt sind.

Danach formulieren Sie die Reizwörter um oder streichen manche generell aus Ihrem Sprachgebrauch. Manches kann man einfach ersatzlos streichen! (»Das gibt es nicht!«) Viele der Aussagen lassen sich auch gut durch »Ich verstehe, ...) ersetzen. Dies bewirkt beim Kunden gleichzeitig noch das Gefühl, sich gut aufgehoben zu fühlen. Also los geht's! Rann an die »Lieblings-Reizwörter«!

Meine »Lieblings-Reizwörter«

Reizwörter/ Formulierungen	Alternativen/ Umformulierungen

Nun stehen sie da, Ihre »Lieblingsreizwörter« und die dazu gehörenden Umformulierungen. Denken Sie an übermorgen und schnappen Sie sich gleich als Vorbereitung ein »Post-it« und vermerken Sie Ihre positiven Formulierungen als Umsetzungsvorhaben in Ihren Arbeitsalltag.

Tag 9:
Was sich Kunden wirklich erwarten

Erinnern Sie sich noch an Tag 6? Sie haben sich an diesem Tag mit dem Rollentausch beschäftigt. »Ich als Kunde« lautete die Devise. Was erwarteten Sie sich als reklamierender Kunde? Das weiße Kaninchen aus dem Hut des Zauberers, die gute Fee, die Ihnen drei Wünsche erfüllt, oder einfach jemanden, der Sie und Ihr Anliegen versteht und sich auf die Suche nach einer gemeinsamen Lösung macht? Sehen Sie, genau so geht es dem Großteil Ihrer Kunden auch. Sehen Sie sich also am heutigen Tag an, was sich Ihre reklamierenden Kunden wirklich erwarten.

Was erwarten sich Ihre Kunden im Beschwerdefall?

Eine schnelle Bearbeitung der Beschwerde

Eine schnelle Reklamationsbearbeitung ist eine gute Reklamationsbearbeitung! Dieser Grundsatz gilt im Umgang mit Beschwerden ohne Ausnahme. Verlieren Sie keine Zeit, sondern überraschen, nein, verblüffen Sie Ihre Kunden mit einer schnellen Kontaktaufnahme. Dies stellt bereits Ihren Willen zur raschen und unbürokratischen Lösungsfindung unter Beweis. Auch wenn in manchen Situationen noch keine Lösung angeboten werden kann (weil man erst das Produkt einsenden, zur

Servicestelle bringen muss oder erst eine Prüfung durch die Gewährleistungsstelle stattfinden soll), nehmen Sie Kontakt mit dem Kunden auf. Rufen Sie Ihn an und erklären Sie ihm, wie es weitergeht. Setzen Sie ihn über die weiteren Schritte ins Bild und zeigen Sie Verständnis. Dadurch erhalten Kunden das Gefühl: Da tut sich was! Hier wird etwas unternommen! Und dieses Gefühl ist an der Stelle sehr wichtig, denn Ihre Kunden fühlen sich häufig ohnmächtig, hilflos oder enttäuscht.

Jetzt brauchen Ihre Kunden Halt und Unterstützung – und das so rasch wie möglich!

Freundliche und individuelle Behandlung

Erinnern Sie sich? Sie müssen nicht mit Ihren Kunden in den Urlaub fahren und können trotzdem professionell und somit freundlich mit Ihren reklamierenden Kunden umgehen. Als Kommunikationsprofi verfügen Sie über das nötige Know-how und die entsprechenden Werkzeuge (nähere Infos in Stefan Verras Buch »Die Körpersprache im Verkauf«, siehe Literaturliste), um mit beinahe jedem Kunden ein ruhiges und freundliches Gespräch führen zu können. Und das reicht – es muss kein gemeinsamer Urlaub sein!

Und die Individualität? Wo bleibt die Individualität bei Reklamationsstandards und Kunden, die wir in Reklamationstypen einteilen? Richtig! Kommunikationsprofis schaffen es auch, Standards als individuelle Lösungen zu verkaufen, und finden die Ihren Kunden gerechten Lösungen mit ihnen gemeinsam. Formulierungen wie »In Ihrem speziellen Fall ...«, »Ich werde mich besonders um Ihr Anliegen bemühen« oder »In dieser konkreten Situation ...« helfen Ihnen dabei, Ihre Vorschläge kundenspezifisch und individuell zu verpacken.

Eine faire und angemessene Problemlösung

An dieser Stelle ein Artikel aus einer österreichischen Tageszeitung, der mir während der Arbeit an diesem Buch aufgefallen ist:

»Leserin Hiltraut L. besitzt einen alten Regenschirm der Marke Knirps (hier erlaube ich mir den Namen zu nennen, ist ja ein seltenes positives Beispiel), bei dem sich unlängst die mittlere Schraubkappe verabschiedet hat. Klare Sache, oder? Wegwerfen! Es gibt doch so viele Schirme auf der Welt, dass man es sich leisten könnte, täglich drei zu vergessen. Aber Hiltraut L. wagte einen revolutionären Schritt. Sie schickte der Firma Knirps eine E-Mail in die Zentrale nach Deutschland mit der Anfrage, ob und wie es eventuell möglich sei, Knirps-Teile nachzubestellen. Was nicht geschehen konnte, geschah: Hiltraut L. erhielt von einem Händler aus Oberösterreich ein Kuvert. Inhalt: ein netter Brief und zwei der verloren gegangenen Schraubkappen. Was fehlte? – Der Zahlschein. Seither glaubt sie wieder an das Gute in der Wirtschaft: Die haben ihr das einfach so geschenkt.«

Noch Fragen? Handeln Sie, soweit in Ihrem Kompetenzbereich möglich, fair und angemessen!

Verlässlichkeit in der Beschwerdebearbeitung

Versprechen Sie nichts, was Sie nicht auch (ein)halten können. Die Wunde der Reklamation ist gerade erst frisch verheilt. Wenn jetzt eine nochmalige Enttäuschung auftritt, ist das Vertrauen in Sie und Ihr Unternehmen neuerlich und oftmals tiefer als zuvor verletzt. Das bedeutet: Wenn Sie versprechen, morgen Nachmittag anzurufen, müssen Sie dies auch tun!

Aktive Kontaktaufnahme durch das Unternehmen

Sollte sich, aus welchen Gründen auch immer, die Lösung der Reklamation, die Erledigung der Beschwerde oder eine andere getroffene Vereinbarung nicht zum besprochenen Zeitpunkt verwirklichen lassen, liegt es an Ihnen, aktiv mit dem Kunden Kontakt aufzunehmen. Rufen Sie ihn an, schreiben Sie ihm eine E-Mail, um ihm den Fortschritt in seiner Angelegenheit oder auch die Verzögerung mitzuteilen. Ersuchen Sie ihn um Verständnis und halten Sie ihn auf dem Laufenden.

Leider konzentrieren sich zu viele Unternehmen immer noch vorwiegend auf die »technische« Seite des Verkaufens und der Kundenbetreuung – und schenken der »menschlichen Komponente« zu wenig Beachtung. Der Umgang mit Reklamationen und Beschwerden ist in erster Linie ein Problem der emotionalen Beziehungen und wird zu einem lösbaren, kundenfreundlichen und imageerhaltenden Vorgang, wenn Sie sich in die Lage des Kunden versetzen und versuchen, seine Motive zu verstehen.

Tag 10:
Fünf Praxistipps für die Umsetzung

Wie vergangene Woche beenden wir auch die zweite Woche mit einer Zusammenfassung in Form von fünf Tipps. Zusätzlich gibt es wieder unsere Post-its, die Ihnen bei der Umsetzung Ihrer Vorhaben in die Praxis helfen sollen.

Praxistipp 1:

Lassen Sie den Kunden ausreden. Ein Grundsatz, der in jedem Gespräch wichtig ist, der gerade aber mit reklamierenden Kunden als Grundgesetz gilt. Auch wenn Sie (vermeintlich) schon nach den ersten Worten des Kunden Bescheid wissen, lassen Sie den Gesprächspartner weiterreden und damit Dampf ablassen.

Praxistipp 2:

Emotionale Kunden sind auch nur Menschen. Denken Sie an Kapitel »Wenn Kunden sauer sind, Tag 6«, in dem es darum ging, sich an einen eigenen Reklamationsfall zu erinnern. Diese Strategie hilft im Arbeitsalltag ungemein, beschwerdeführende Kunden gut zu verstehen.

Praxistipp 3:

Reklamationstypen. Kunden rasch einzuschätzen und dann entsprechend individuell zu behandeln ist ein weiterer Erfolgsbaustein in der professionellen Reklamationsbearbeitung. Und denken Sie daran: Sie müssen nicht mit Ihren Kunden in den Urlaub fahren!

Praxistipp 4:

Vermeiden Sie Reizwörter. Wie förderlich oder auch hinderlich manche Formulierungen und Reizwörter sein können, haben wir im Kapitel »Wenn Kunden sauer sind, Tag 8« besprochen. Nutzen Sie Ihre persönliche Auflistung und setzen Sie die Vorhaben in die Praxis um.

Praxistipp 5:

Schnelle Reklamationsbearbeitungen sind gute Reklamationsbearbeitungen. Beschwerdeführende Kunden haben Priorität. Nutzen Sie diese Gelegenheit, um Ihren Willen und Ihre Bereitschaft zur Problemlösung zu signalisieren. Verschaffen Sie sich auch unter den widrigen Umständen einer Reklamation die bestmögliche Ausgangsposition.

Somit haben wir bereits die zweite Woche in fünf Tipps zusammengefasst, und es gibt sicherlich wieder einige neue Umsetzungsvorhaben. Mit denen verfahren Sie genauso wie letzte Woche.

Umsetzung in Ihre Praxis

Überlegen Sie sich, welche maximal fünf Vorhaben aus der vergangenen Woche Sie in den nächsten Tagen umsetzen wollen.

Schnappen Sie sich Ihren Block Post-its. Nun beschriften Sie jeweils ein Blatt mit einem Stichwort, welches Ihr Umsetzungsvorhaben beschreibt und idealerweise positiv formuliert ist. Sie wissen ja, wie letzte Woche.

Einige Beispiele:

1. Post-it: »*Kunden ausreden lassen!*«

2. Post-it: »*Positive Wörter verwenden!*«
Dazu haben Sie ja vor zwei Tagen schon Vorarbeit geleistet.

3. Post-it: ...

Bringen Sie danach die bis zu fünf beschrifteten Post-its (alle noch aufeinander, das Wichtigste zuoberst) an einem für Sie gut sichtbaren Bereich Ihres Arbeitsplatzes (PC-Bildschirm, Schreibtisch, Pinnwand, Armaturenbrett im Auto ...) an.

Ab diesem Zeitpunkt begleitet Sie das erste Umsetzungsvorhaben so lange, bis diese Idee in Ihr ... (wie im Kapitel »Ihr persönlicher Reklamationsstil, Tag 5« beschrieben)

Wie sieht es eigentlich mit den Post-its der letzten Woche aus? Konnten Sie schon einige Dinge in den Alltag integrieren? Gratuliere! Sind noch einige übrig? Gut so! Nehmen Sie die noch nicht erledigten Post-its der letzten Woche einfach mit in das Programm dieser Woche. Einfach alle Vorhaben nach ihrer Wichtigkeit reihen und mit dem Wichtigsten beginnen.

Die dritte Woche

Auf in die Praxis!

Tag 11:
In sieben Schritten zum zufriedenen Kunden

Man kann Beschwerden grundsätzlich auf zwei Arten betrachten: entweder als peinlichen und im Wesentlichen negativen Vorfall oder im Gegenteil als eine Ihrem Unternehmen gebotene Chance, mehr zu leisten und Ihre Beziehung zum Kunden zu festigen.

Nur dieser zweite Standpunkt trägt zu einer wirksamen Behandlung der Reklamation bei. Er ermöglicht es uns Spezialisten, im Umgang mit Kunden eine positive und konstruktive Haltung einzunehmen. So gesehen ist jeder reklamierende Kunde ein unbezahlter Unternehmensberater, der Ihrem Unternehmen und Ihnen persönlich hilft, noch besser zu werden.

Diese zweite, konstruktive Haltung ist eine wichtige Grundvoraussetzung, um in die Themen der dritten Woche einzusteigen. Diese Woche geht es darum, Schritt für Schritt das richtige Wort zu finden, die passende Pause zu setzen, einfühlsam Verständnis zu signalisieren und die entsprechenden Fragen an der jeweils geeigneten Stelle zu platzieren.

Unten stehend finden Sie einen Gesprächsleitfaden, bestehend aus sieben Schritten. Dieser wird Ihnen dabei helfen, ein Reklamationsgespräch in jeder Situation strukturiert und kontrolliert zu führen.

Der Leitfaden soll kein enges Korsett (wenn Kunde »A« sagt, muss Verkäufer »B« sagen) sein, sondern wird Sie vielmehr dabei unterstützen, an alles Wesentliche zu denken. Zum Beispiel: den Kunden ausreden lassen, die richtigen Fragen stellen usw., und das alles noch an der optimalen Stelle.

Nicht bei jedem Gespräch werden alle Punkte in gleichem Maße zu berücksichtigen sein. Bei Reklamationsgesprächen, wie Sie bereits wissen, sind größte Flexibilität und individuelles Eingehen auf unterschiedliche Kunden und Situationen unumgänglich. Gerade deswegen tut ein Leitfaden, der Ihnen dabei hilft, die Orientierung zu bewahren, sehr gut.

In sieben Schritten zum Erfolg – die VBC-Reklamationsstruktur

    1. Volle Konzentration auf den Kunden
    2. Lassen Sie den Kunden ausreden
    3. Stellen Sie Fragen
    4. Zeigen Sie Verständnis
    5. Prüfen
    6. Bieten Sie Lösungen an
    7. Nachfragen und checken

In den folgenden Tagen werden wir die sieben Schritte einzeln durchgehen und mit wichtigen Themen passend ergänzen. Sollten in dieser Zeit Reklamationen in Ihrem Arbeitsalltag auftauchen – bitte schön! Packen Sie die Gelegenheiten beim Schopf und setzen Sie bereits die ersten Schritte um.

Schritt 1

Volle Konzentration auf den Kunden

Im Moment ist Ihr beschwerdeführender Kunde der wichtigste Mensch in Ihrem Umfeld! Unterbrechen Sie eventuell ausgeführte Arbeiten und widmen Sie Ihre volle Aufmerksamkeit ihrem Gesprächspartner.

Leiten Sie, wenn möglich, das Telefon um oder ersuchen Sie einen Kollegen, die Anrufe oder weitere Kunden zu übernehmen. Unterstützen Sie auch Ihrerseits Kollegen, die sich gerade um einen reklamierenden Kunden kümmern, indem Sie diese »freispielen«.

Ich kenne nur wenige Menschen, die es schaffen, wirklich mehrere Dinge gleichzeitig zu tun. Meist handelt es sich dabei aber um Routinetätigkeiten und dazu zählen unsere Reklamationsgespräche nun wirklich nicht. Oder es leidet die Qualität des Ergebnisses darunter. Und das ist auch nicht unser Ziel. Deshalb: Lassen Sie sich durch nichts ablenken (auch wenn der Kunde am Telefon reklamiert) und nehmen Sie Anteil an den Sorgen und Wünschen Ihres Kunden. Interessieren Sie sich für ihn!

Schritt 2

Lassen Sie den Kunden ausreden

Wenn Ihr Kunde Sie anruft oder zu Ihnen ins Büro oder in den Shop kommt, liegt der Grund der Reklamation ja meist schon eine gewisse Zeit zurück. In dieser Zeit hatte der Kunde in vielen Fällen ausreichend Gelegenheit, durch »gewissenhafte Vorbereitung« seine Emotionskurve gewaltig nach oben zu schrauben.

Und dann ist es so weit: Sie nehmen den Hörer ab, oder der Kunde steht persönlich vor Ihnen. Wenn Sie Ihren Kunden gleich verlieren möchten, handeln Sie folgendermaßen: Unterbrechen Sie den Kunden gleich zu Beginn (»Jetzt beruhigen Sie sich erst mal, und dann erzählen Sie in Ruhe weiter ...), um ihm dann zu erklären, wie es wirklich läuft (»Also, wenn Sie das so gemacht hätten, wie es in der Beschreibung steht, dann ...). So schaffen Sie sich die Reklamation mit Sicherheit innerhalb kürzester Zeit vom Hals. Zumindest bis Ihr Vorgesetzter oder der Anwalt des Kunden mit Ihnen darüber reden möchte.

Deshalb: Unterbrechen Sie Ihren Kunden nicht! Auch dann nicht, wenn für Sie (scheinbar) schon längst alles klar ist. Lassen Sie den Gesprächspartner ausreden, auch wenn es mal länger dauern sollte. Das ist an der Stelle des Gesprächs immens wichtig, Ihr Kunde muss Dampf ablassen können, er muss seine Emotionskurve abflachen lassen, bevor Sie mit Lösungen ins Spiel kommen können.

Zusätzlich ist in dieser Phase des Gesprächs sehr wichtig, selbst ruhig zu bleiben nehmen Sie die Argumente des Kunden nicht persönlich. Der Kunde greift nicht Sie persönlich an. Erst ist er nur mal unzufrieden und sucht eine Lösung. Auch wenn das manchmal ganz anders aussieht.

Denken Sie immer daran: Im Moment des Reklamationsgesprächs ist Ihr Kunde der wichtigste Mensch. Also volle Konzentration auf Ihr Gegenüber. Und ermöglichen Sie Ihrem Kunden, Dampf abzulassen. Jetzt muss Ihr Kunde sich aussprechen können. Hören Sie interessiert zu und lassen Sie ihn ausreden!

Tag 12:
Schritt 3

Wie Sie am vorangegangenen Bild erkennen können, ist es uns bereits gelungen, die Emotionsspitze abzuflachen und einen weiteren Anstieg der Aufregung unseres Kunden vorerst zu verhindern. Nun beginnt die nächste heikle Phase des Gesprächs.

Schritt 3

Stellen Sie Fragen

Sie stellen dem Kunden Fragen, um wichtige Hintergrundinformationen zu erhalten, um Missverständnisse auszuschließen und um Zeit zu gewinnen (die Emotionskurve soll weiter abflachen). Zusätzlich signalisieren Sie mit den gestellten Fragen Interesse an Ihrem Gesprächspartner. Dies ist ein wichtiger Punkt, damit Ihr Kunde Vertrauen zu Ihnen aufbauen kann.

Im Folgenden finden Sie einen kurzen Überblick über die wichtigsten Fragearten im Verkauf und somit auch in Reklamationsgesprächen. Mehr und detaillierte Informationen gibt es dazu auch in Heinz Feldmanns Buch »8 Stufen zum Verkaufserfolg« (siehe Literaturliste).

Bei den Frageformen unterscheidet man grundsätzlich zwischen offenen Fragen, geschlossenen Fragen, Alternativfragen und Rückkoppelungsfragen.

Offene Fragen (W-Fragen)

Eine »offene Frage« ist jene Frage, bei der dem Kunden keine Antworten vorgegeben werden.

Der Gesprächspartner kann seine Antworten frei formulieren. Die Fragewörter »wer«, »wie«, »wo«, wann« und »was« kennzeichnen offene Fragen. Diese Frageform hat den Vorteil, dass man umfangreiche Informationen vom Kunden erhält. Deshalb ist gerade diese Frageart in der Reklamationsbearbeitung eine sehr wichtige.

Das Fragewort »warum« ist nicht gut geeignet, weil es oftmals Rechtfertigungsdruck beim Kunden auslöst. Und den brauchen wir im Reklamationsgespräch mit Sicherheit nicht.

Beispiele:

»Wann ist der Defekt zum ersten Mal aufgetreten?«
»Womit genau sind Sie nicht einverstanden?«

Geschlossene Frage

Von einer »geschlossenen Frage« spricht man, wenn unser Kunde in seiner Antwortmöglichkeit eng begrenzt wird. Die Antwort wird in der Regel kurz sein, sich wahrscheinlich sogar auf »ja« oder »nein« beschränken; sie kann aber auch kurze Sachinformationen beinhalten.

Durch eine geschlossene Frage bringt man in Erfahrung, inwieweit der Gesprächspartner zustimmt oder anderer Meinung ist. Deshalb eignet sich diese Frageart gut für die Stufen 5 und 7 in unserer Reklamationsstruktur. Für die Stufe 3 ist sie weniger gut geeignet.

Beispiele:

»Haben Sie die Installation wie beschrieben durchgeführt?«
»Haben Sie die Garantiebestimmungen schon gelesen?«

Alternativfragen

Alternativfragen können in einem Reklamationsgespräch in verschiedenen Situationen eingesetzt werden: »Möchten Sie selbst nochmals nachfragen oder dürfen wir uns bei Ihnen morgen Vormittag melden?« Diese Frageart gibt dem Kunden zwei Wahlmöglichkeiten zur Verfügung und somit das Gefühl, mitentscheiden zu können, die Lösung mitgestalten zu dürfen. In Stufe 5 unserer Struktur bieten sich Alternativfragen an, um dem Kunden zwei Lösungsvorschläge zu unterbreiten und ihn dann selbst entscheiden zu lassen. Ein Tipp aus der Praxis an dieser Stelle: Erfahrungen zeigen, dass Kunden eher nach der letztgenannten Lösung greifen. Das ist keine Garantie, aber sollten Sie eine der beiden Varianten bevorzugen, stellen Sie diese an die zweite Stelle!

Beispiele:

»Möchten Sie Ihr Gerät gerne repariert haben, oder sollen wir es austauschen?«
»Sollen wir uns bei Ihnen melden, oder rufen Sie nochmals an?«

Rückkoppelungsfragen

Rückkoppelungsfragen sind sehr gut zum aktiven Zuhören geeignet. (Das aktive Zuhören wird morgen ein wichtiges Thema sein.) Damit wiederholen Sie (teilweise) die Aussage Ihres Kunden und stellen sicher, dass Sie ihn auch wirklich richtig verstanden haben. Zusätzlich signalisieren Sie damit Ihr Interesse und der Kunde fühlt sich verstanden und gut aufgehoben.

Beispiele:

»Wenn ich Sie richtig verstehe, möchten Sie also ...?«
»Sie sagten, dass Ihrer Erfahrung nach ...?«

Übung

Mit welchen (offenen) Fragen finden Sie in Ihrem konkreten Arbeitsumfeld heraus, woran die Unzufriedenheit des Kunden liegt, was genau passiert ist? Durch welche Fragen signalisieren Sie Interesse am Kunden, seiner Situation und bauen dadurch die so wichtige Vertrauensbasis weiter aus?

Mein persönlicher Reklamationsfragenkatalog:

_____

_____

_____

_____

_____

_____

»Wer fragt, führt!« Diese Zitat kennen Sie bestimmt. Nun haben Sie einen Großteil der Werkzeuge, die Sie benötigen, um ein Reklamationsgespräch professionell mit Fragen zu führen. Lassen Sie die Kunden kommen!

Tag 13:
Schritt 4 + 5

Heute geht es rasant weiter. Die Stufen 4 und 5 stehen am Programm. Es geht darum, Verständnis zu zeigen und die Situation zu prüfen. Wie das am besten klappt, werden Sie heute erfahren.

Schritt 4

Zeigen Sie Verständnis

»Na klar verstehe ich meine Kunden, wenn sie sauer sind!«

Das ist mit Sicherheit eine gute Voraussetzung, um ein fruchtbares Reklamationsgespräch zu führen, aber leider vielfach an der Stelle zu wenig der Liebesmüh!

Ihre Kunden befinden sich ja oftmals in einem emotionalen Höhenflug (erinnern Sie sich an das Bild mit der Emotionskurve?). In diesem Zustand höchster Erregung kriegen die ja manchmal die logischsten Argument nicht mit. Und wie sollen die Kunden dann »spüren«, dass Sie von Ihnen verstanden werden?

Gar nicht – tun sie auch nicht! Deshalb müssen Sie es den Kunden sagen. Haben Sie Verständnis und sprechen Sie das auch aus. Dann können es Ihre Gesprächspartner hören. Das ist wichtig an dieser Stelle des Gesprächs!

Verständnis haben *und* aussprechen!

Ein paar Beispiele:

»Ich verstehe, dass Sie verärgert sind!«
»Kann ich gut nachvollziehen, Frau Müller, dass Sie jetzt enttäuscht sind!«
»Jetzt verstehe ich gut, dass Sie sauer sind!«

Ein Tipp aus der Praxis

Den Kunden verstehen heißt nicht immer ihm Recht geben! Verständnis ausdrücken heißt nicht einverstanden sein!

An dieser Stelle des Gesprächs wissen Sie ja oft noch nicht, ob es sich bei dem geschilderten Fall um eine berechtigte oder unberechtigte Reklamation handelt. Das ist an der Stelle auch noch nicht wichtig. Es geht darum, die Emotionen des Kunden zu berücksichtigen. Und das tun Sie, wenn Sie Verständnis haben und es auch aussprechen. Nicht mehr und nicht weniger.

Zur Verdeutlichung ein Beispiel:

Der neunjährige Maximilian sitzt abends vorm Fernseher und will auch nach mehreren Aufforderungen noch nicht ins Bett. Wenn seine Mutter nun sagt:*»Ich verstehe, dass du diese Sendung noch zu Ende sehen möchtest. Morgen Vormittag steht deine Mathematikprüfung am Programm. Ich möchte, dass du jetzt ins Bett gehst!«,* heißt das nicht, dass sie mit dem Wunsch des Sohnes, noch wach zu bleiben, einverstanden ist. Sie signalisiert damit jedoch, dass sie ihr Kind gut verstehen kann. Dies führt in der privaten wie auch in der beruflichen Kommunikation zu oftmals weniger angespannten Ausgangssituationen.

Schritt 5

Prüfen

Wie im vorangegangenen Kapitel besprochen, ist bis jetzt oftmals noch nicht klar, ob es sich um eine berechtigte oder eine unberechtigte Reklamation handelt. Es könnte ein Fehler Ihres Unternehmens, ein Irrtum, ein Bedienungsfehler oder einfach nur ein Missverständnis in der Kommunikation sein. Nun ist die Emotionskurve des Kunden mittlerweile so weit abgeflacht, dass wir damit beginnen können, die Hintergründe der Beschwerde zu durchleuchten. Das passiert am besten mit geschickten Fragen. Welche das sein können, haben wir ja schon besprochen, und Sie haben einige in Ihrem persönlichen Fragenkatalog vorbereitet.

An der Stelle des Gesprächs bietet sich auch eine gute Gelegenheit zu prüfen, ob man den Kunden in allen Details auch wirklich richtig verstanden hat. Dazu eignet sich eine kurze Zusammenfassung der Ausführungen des Kunden in Ihren eigenen Worten.

Beispiel:

»Ich fasse nun noch mal kurz in meinen Worten zusammen: Sie haben also den Aufbau der Anlage wie in der Bedienungsanleitung beschrieben vorgenommen. Danach ... Ist das so korrekt, oder habe ich etwas vergessen, Herr Müller?«

Sollte in Ihrem Unternehmen die Überprüfung der Reklamation durch eine Werkstätte, Garantieabteilung etc. nötig sein, ist auch jetzt der passende Zeitpunkt gekommen, dem Kunden die nächsten Schritte zu erklären. Versetzen Sie sich auch hier wieder in die Lage des Kunden und versuchen Sie, alles in Ihrer Macht Stehende für einen zufriedenen Kunden zu tun.

Tag 14:
Schritt 6 + 7

Am heutigen Tag beschäftigen wir uns mit den Stufen 6 und 7. Das bedeutet, Sie schließen die sieben Schritte der VBC-Reklamationsstruktur heute ab. Danach verfügen Sie über einen Leitfaden, um auch schwierigste Reklamationen professionell zu behandeln.

Schritt 6

Bieten Sie Lösungen an

Nachdem nun der Kunde seine Situation geschildert, Sie Fragen gestellt, Verständnis gezeigt und geprüft haben, ist es nun an der Zeit, dem Gesprächspartner die Lösung zu unterbreiten.

Oftmals werden Sie erleben, dass Kunden bereits konkrete Vorstellungen über die Art der Lösung mitbringen. Manches Mal können wir diese erfüllen, in anderen Fällen aber auch nicht. Und das ist kein Beinbruch! Sehen Sie den Wunsch Ihres Kunden nicht als unumstößlich, sondern als Schritt zur gemeinsamen Lösungsfindung.

Hier ein paar Tipps zur erfolgreichen gemeinsamen Lösungsfindung:

Schlagen Sie Alternativen vor! Wenn es Ihr Spielraum gestattet, bieten Sie dem Kunden zwei Lösungsvorschläge an (erinnern Sie sich an die Alternativfragetechnik!). Er hat somit die Möglichkeit, selbstständig zwischen zwei Varianten zu entscheiden. Seine Entscheidung wird zwischen A und B getroffen und nicht zwischen Ja oder Nein.

Beispiel:

»Ich kann Ihnen nun zwei Möglichkeiten anbieten. Entweder ... oder ...«
»Sie können sich nun zwischen folgenden Varianten entscheiden: ... oder ...«

Argumentieren Sie nutzenorientiert! Verknüpfen Sie Ihre Lösungsvorschläge mit einem Vorteil für Ihren Kunden. Erzählen Sie ihm, was er davon hat, wenn er sich für diesen oder jenen Vorschlag entscheidet. Heinz Feldmann schreibt in seinem Buch »8 Stufen zum Verkaufserfolg« (siehe Literaturliste) ausführlich über die Argumentationstechnik MNC (Merkmal – Nutzen – Checking).

Beispiel:

»Ich würde Ihnen eine Garantiereparatur unserer Vertragswerkstätte anbieten. (Merkmal) *Dabei haben Sie den Vorteil, dass auch gleichzeitig die nicht beschädigten Teile überprüft werden und Ihr Gerät somit auch technisch wieder überholt ist!* (Nutzen) *Was sagen Sie dazu?«* (Checking)

Geduld, Geduld, Geduld! Lassen Sie Ihrem Kunden Zeit. Jetzt beginnt Ihr Kunde nachzudenken. In seinem Gehirn laufen Entscheidungsprozesse ab – das braucht Zeit, Geduld und ein freundliches Gesicht Ihrerseits.

Schritt 7

Nachfragen und checken

Nicht jeder Lösungsvorschlag wird von Ihren Kunden immer positiv aufgenommen.

Dies stellt sich spätestens jetzt, in der Stufe 7, heraus. Falls Kunden mit keiner der Alternativen zufrieden zu stellen waren, es immer noch Einwände gibt oder die Emotionskurve des Kunde plötzlich wieder merklich ansteigt, ist Vorsicht geboten.

Dies wird im Alltag häufiger vorkommen. Das Gute an der Sieben-Schritte-Struktur ist, dass Sie an der Stelle nicht resignieren müssen, sondern einfach wieder auf der Stufe 3 einsteigen können. Analysieren Sie die Einwände Ihres Kunden und zeigen Sie Verständnis. Hier allerdings nicht Verständnis für die Sache selbst ausdrücken, sondern vielmehr Bedauern, dass die bisherigen Lösungsvorschläge keinen Anklang gefunden haben.

Prüfen Sie (falls erforderlich) und erarbeiten Sie abschließend mit dem Kunden gemeinsam eine neue Lösung.

Beenden Sie Reklamationsgespräche immer mit einer gemeinsamen Vereinbarung. Dies bedeutet nicht, dass die Lösung bereits abgeschlossen sein muss oder beide Seiten in Begeisterungsstürme ausbrechen müssen. Es geht darum, bereits erfolgte Schritte, kleine Teilerfolge, festzuhalten und dem Kunden das Gefühl zu geben, er ist der Lösung einen Schritt näher.

Und jetzt noch ein paar Tipps aus der Praxis für den Gesprächsausstieg:

Klartext! Wenn Ihnen bei der Lösungsfindung die Hände gebunden sind, teilen Sie dies dem Kunden mit und suchen Sie keine Verantwortlichen dafür. Sagen Sie ihm besser, dass Sie alles in Ihrer Macht Stehende tun werden, um ihm zu helfen.

Bedanken Sie sich! Auch wenn das am Anfang des Gesprächs unmöglich schien. Mittlerweile sollte das Klima vertrauensvoll und wertschätzend sein. Also bedanken Sie sich bei Ihrem Kunden für die Informationen und Anregungen.

Empfehlen Sie sich als Ansprechpartner! Ihr Kunde hat in Ihnen einen lösungsorientierten Verkäufer gefunden, dem das Wohl seiner Kunden sichtbar am Herzen liegt. Dafür sind Ihnen Ihre Kunden dankbar. Verstärken Sie dieses Gefühl. Daraus wird eine langfristige Kundenbeziehung entstehen.

Tag 15:
Fünf Praxistipps für die Umsetzung

Nun ist es ja vielleicht schon lieb gewonnene Routine. Tag 5 Ihrer dritten Woche. Wie in den vorangegangenen Kapiteln schließen Sie Ihre Woche wieder mit einer Zusammenfassung in Form von fünf Tipps ab. Danach wieder die Post-its, die Ihnen bei der Umsetzung Ihrer Vorhaben in die Praxis sicher schon zum nützlichen Freund und Helfer geworden sind.

Praxistipp 1:

Struktur – Struktur – Struktur. Jedes Gespräch ist individuell. Jeder Kunde möchte sein Anliegen besonders behandelt wissen. Jeder Mitarbeiter Ihres Unternehmens ist eine eigenständige Persönlichkeit. Genau aus diesem Grund, aus den vielen Kombinationsmöglichkeiten, die sich aus den oben genannten Faktoren heraus ergeben können, ist es wichtig, mit einem persönlichen Leitfaden, einem Grundkonzept, zu agieren. So wird kein wesentlicher Punkt vergessen, und Sie wirken professionell. Von der ersten bis zur letzten Minute des Reklamationsgesprächs.

Praxistipp 2:

Stellen Sie Fragen. Fragen zeigen dem Kunden, dass Sie Interesse an ihm und seiner Geschichte haben. Fragen helfen Ihnen, den Kunden und sein Problem gut zu verstehen. Durch Fragen gewinnen Sie Zeit, um nachzudenken, und die Emotionskurve Ihres reklamierenden Kunden sinkt beinahe von alleine. Alles, was Sie sagen, können Sie auch fragen. Treffen Sie keine Annahmen – stellen Sie Fragen!

Praxistipp 3:

Zeigen Sie Verständnis. *»Ich verstehe, dass Sie verärgert sind, Herr Bauer!«* Schon ist der Emotionslevel um einige Punkte niedriger als noch zuvor. Einfach genial – genial einfach! Haben Sie Verständnis und sagen Sie es Ihren Kunden auch!

Praxistipp 4:

Keine verfrühten Lösungen. Haben Sie Geduld! Warten Sie mit Ihren Lösungsvorschlägen, bis Ihr Kunde Dampf abgelassen hat. Erst nachdem er sich wieder beruhigt hat, hört er Ihnen überhaupt zu und kann erst dann verstehen, was Sie ihm anbieten. Deshalb vergeuden Sie Ihre kundenorientierten Lösungen nicht zu früh. Behalten Sie Ihr Ass im Ärmel und warten Sie auf den geeigneten Zeitpunkt.

Praxistipp 5:

Bedanken Sie sich beim Kunden! In den meisten Reklamationsgesprächen sollte das am Ende möglich sein. Nach professionell erfolgter Reklamationsbearbeitung sind die Wogen geglättet, die Emotionen haben sich beruhigt. Auch wenn das am Anfang des Gesprächs unmöglich schien. Also bedanken Sie sich bei Ihrem Kunden für die Informationen und Anregungen.

Und nun geht es wie gewohnt an die Umsetzung in Ihren Arbeitsalltag.

Umsetzung in Ihre Praxis

Überlegen Sie sich, welche fünf Vorhaben aus der vergangenen Woche Sie in den nächsten Tagen umsetzen wollen.

Schnappen Sie sich wieder Ihren Block Post-its. Nun beschriften Sie jeweils ein Blatt mit einem Stichwort, welches Ihr Umsetzungsvorhaben beschreibt und idealerweise positiv formuliert ist. Sie wissen ja bereits, wie in den vergangenen Wochen.

Einige Beispiele:
1. Post-it: »Fragen stellen!«
2. Post-it: »Verständnis zeigen!«
3. Post-it: …

Bringen Sie danach, wie gehabt, die bis zu fünf beschrifteten Post-its (alle noch aufeinander, das Wichtigste zuoberst) am Arbeitsplatz an, und los geht's.

Sind noch Post-its aus der vergangenen Woche übrig? Dann wie letzte Woche verfahren. Nehmen Sie die noch nicht erledigten Post-its einfach mit in das Programm dieser Woche. Nun reihen Sie alle Vorhaben nach ihrer Wichtigkeit und beginnen mit dem Wichtigsten.

Viel Erfolg!

Die vierte Woche

Psychohygiene

In Reklamationsgesprächen muss man sich als Kundenberater oft einiges vom Kunden anhören: das Produkt sei schlecht, die Dienstleistung unter jeder Kritik, der Service mangelhaft, die Kollegen unfreundlich, die Firma unflexibel und man selbst sowieso inkompetent.

Solche und ähnliche Aussagen können sehr belastend sein. Selbst der »coolste« Kundenberater verkraftet solche Anschuldigungen schwer. Da kann es schon mal passieren, dass man bei der nächsten Reklamation falsch und emotional reagiert beziehungsweise Reklamationsgesprächen aus dem Weg geht und sich unsicher fühlt.

Was können Sie tun, um mit belastenden Situationen leichter fertig zu werden?

Darum geht es in dieser Woche, im letzten großen Kapitel unseres Buchs.

Tag 16:
Die richtige Einstellung

Nun haben Sie sich bereits drei Wochen mit den verschiedensten Themen rund um den reklamierenden Kunden beschäftigt.

Wo Menschen arbeiten, werden auch Fehler gemacht. Aus genau diesem Grund kann es das perfekte Unternehmen, in dem keine Fehler passieren und alle Kunden immer zufrieden sind, nicht geben – und somit sind auch Reklamationen unvermeidlich – und Reklamationen bringen meist reklamierende Kunden. Es ist also ein wesentlicher Bestandteil Ihres Jobs, sich mit der eigenen Einstellung zu beschäftigen. Selbst schwierigste Kunden sind leichter zu ertragen, wenn Sie eine positive Einstellung pflegen. Mit dem Kauf dieses Buches haben Sie ja bereits signalisiert, dass Ihnen dieses Thema wichtig ist.

Versetzen Sie sich deshalb in die Lage Ihres reklamierenden Kunden. Er ist verärgert, weil seine Erwartungen an das gekaufte Produkt oder die bezahlte Dienstleistung nicht erfüllt wurden. Und Ärger entsteht immer aus der Differenz zwischen Erwartung und dem tatsächlich Eingetretenen. Folglich ist es selbstverständlich, dass Ihre Kunden enttäuscht und verärgert sind, wenn Ihre Produkte oder Dienstleistungen nicht die gewünschten Ergebnisse liefern.

Ein weiterer wichtiger Aspekt zum Thema Einstellung ist, Reklamationen als Chancen zu sehen, einen unzufriedenen

Kunden wieder zufrieden zu stellen und als Kunden zu behalten. Erinnern Sie sich an die Grafik im Kapitel »Ihr persönlicher Reklamationsstil, Tag 2«. Viele Kunden reklamieren überhaupt nicht. Der Aufwand ist zu groß. Kunden wissen oftmals nicht, an wen sie sich wenden sollen, oder Kunden denken, dass Reklamieren keinen Sinn hat. Aus reklamierenden Kunden werden jedoch im Vergleich mit nicht reklamierenden Kunden mit doppelt so hoher Wahrscheinlichkeit loyale Stammkunden, oftmals sogar, wenn die Reklamation nicht problemlos über die Bühne gegangen ist. Wenn Sie es schaffen, Reklamationen sofort und zur Zufriedenheit Ihrer Kunden zu lösen, erhöht sich diese Wahrscheinlichkeit sogar um das Neunfache!

Also betrachten Sie reklamierende Kunden nicht weiter als Störung! Reklamationen und Beschwerden bieten Ihnen und Ihrem Unternehmen die Chance, sich als lösungs- und kundenorientiert darzustellen. Oftmals entstehen aus Reklamationen auch neue Ansätze in der Kundenbetreuung oder in der Auftragsabwicklung. Der reklamierende Kunde als kostenloser Unternehmensberater! Eine Reklamation ist in den seltensten Fällen ein persönlicher Angriff auf Ihre Person, sondern oftmals pure Ohnmacht Ihres Kunden. Dies und die oben genannten Aussagen sollten Sie tief verinnerlichen! Sie bilden die Basis Ihrer persönlichen Einstellung. Und Ihre Einstellung bestimmt Ihr Handeln. Und über das Handeln, über das, »wie« wir mit reklamierenden Kunden umgehen, damit haben wir uns ja in den vergangenen Kapiteln schon ausgiebig beschäftigt.

Tag 17:
»Mensch ärgere mich nicht!«

Na endlich geht es jetzt einmal ganz speziell um Sie! Genau, um Sie da draußen in der weiten Welt der kundenorientierten Unternehmen in Callcentern, Shops oder anderen verkaufsorientierten Abteilungen. Dabei tagtäglich sich auf reklamierende Kunden einstellen, Ihr Bestes geben, um Kunden zufrieden zu stellen. Die eigenen Interessen hintanstellen, um verärgerte Kunden zu beruhigen. Die eine oder andere Schimpftirade über sich ergehen lassen, des lieben Frieden willen. Jetzt geht es um Sie! Denn dass bei all den oben genannten Szenarien auch mal Stress entsteht, ist selbstverständlich. Und den sollten Sie nicht am Kunden auslassen, aber auch nicht mit nach Hause nehmen. Deshalb beschäftigen wir uns im heutigen Kapitel genau damit. Was ist Stress, woher kommt Stress, wozu ist Stress überhaupt gut, und wie geht man damit am besten um?

Ein paar Grundgedanken zum Thema Stress

Stress ist ein notwendiger Mechanismus, der zum Überleben des Menschen beigetragen hat und noch immer beiträgt. Durch einen bedrohlichen Reiz/Stressreiz wird eine so genannte Alarmreaktion in unserem Gehirn ausgelöst.

Begründet liegt dieses Muster in der Frühzeit unserer Entwicklungsgeschichte.

Damals war es notwendig, auf drohende Gefahren oder Angriffe blitzschnell zu reagieren. Entweder in Form von Flucht oder Angriff. Dafür hat unser Organismus ein hochleistungsfähiges System geschaffen, das in kürzester Zeit ein hohes Maß an Energie zur Verfügung stellt und das Reaktionsvermögen stark erhöht. Bei jeder Alarmreaktion läuft in unserem Körper Folgendes ab:

- Die Herzfrequenz wird erhöht.
- Der Blutdruck steigt.
- Die Atmung wird beschleunigt.
- Die Muskeln werden angespannt.
- Die Pupillen weiten sich.
- Die Tätigkeit der Geschlechtsorgane wird herabgesetzt.
- Die Tätigkeit der Verdauungsorgane wird herabgesetzt.

Um ein Überleben unserer Art zu sichern, war dieses Reaktionssystem eine äußerst sinnvolle und bewährte Schöpfung. Doch im Laufe der Jahrtausende hat sich die Umwelt des Menschen stark verändert. Es sind kaum noch die klassischen Stressreize wie Angriff, Hunger, Kälte oder starke körperliche Beanspruchung, die den Körper in Alarmbereitschaft versetzen und sich dann nach erfolgter Reaktion wieder beruhigen. Vielmehr sind die Stressoren von heute häufig Reizüberflutung, zu viele Aktivitäten, Isolation, Alltagsärger, zwischenmenschliche Konflikte, Lärm und eben auch Reklamationen. Das Fatale an dieser Situation ist nun, dass uns unsere Welt oft keine Reaktion wie Flucht oder Angriff erlaubt. Schon gar nicht im Gespräch mit den reklamierenden Kunden.

Wenn ein reklamierender Kunde emotional kochend mit Ihnen brüllt, Sie unberechtigt beschuldigt, einen Fehler gemacht zu haben, können Sie den Kunden nicht einfach schütteln, auch wenn jede Faser Ihres Körpers danach schreit und Sie sogar die nötigen Energien dafür hätten.

Die Folgen sind unangenehm. Die nicht abgebauten Stressreaktionen wirken noch lange nach, und es kann lange dauern, bis der Körper wieder zu seinem physiologischen Gleichgewicht zurückfindet.

- Der Blutdruck ist hoch.
- Der Puls ist schnell.
- Die Muskeln sind verkrampft.
- Die Magensäurebildung ist hoch.
- Die Fortpflanzungsorgane arbeiten vermindert.
- Die Verdauungsorgane sind schlecht durchblutet.

Als Langzeitfolge können schwere Krankheiten oder Einschränkungen entstehen, je nach körperlicher Schwachstelle. Deshalb ist es enorm wichtig, sich mit diesem Thema zu beschäftigen und Abhilfe zu schaffen.

Grundsätzlich läuft, unabhängig von der Art der Reizung, bei jedem intensiven Stressreiz dasselbe Reaktionsmuster ab. Der Körper unterscheidet nicht, ob es sich um Eustress (positiven Stress) oder Disstress (negativen Stress) handelt.

Die Wissenschaft unterscheidet genau diese zwei Arten von Stress:

Eustress und Disstress

Eustress:
Unter Eustress wird positiver Stress verstanden, der nötig ist, um Herausforderungen zu bewältigen, die uns im alltäglichen Leben begegnen. Wenn wir uns sagen: »Ich schaffe das! Los geht's! Diese Situation kann ich meistern!«, entsteht Eustress. Er ist verbunden mit der Freude an der eigenen Leistungsfähigkeit, am Erfolg und an der geleisteten Arbeit. Vorraussetzung dafür ist die Erkenntnis, dass unsere Fähigkeiten ausreichen, die Aufgabe zu bewältigen. Woran erkennen wir nun, dass wir im Eustress sind? Wir sind motiviert, uns für ein Ziel einzusetzen, fühlen uns wohl, haben Selbstvertrauen und meist auch eine positive Ausstrahlung. Es gelingt uns in dem Moment auch gut, andere zu motivieren und zu überzeugen.

Disstress:

Disstress ist so genannter negativer Stress, der sich negativ auf unseren Körper, unsere Stimmung und auf unsere Leistungsfähigkeit auswirkt. Er entsteht bei Überforderung, wenn wir das Gefühl haben, etwas nicht schaffen, nicht bewältigen oder nicht beeinflussen zu können. Disstress führt im ersten Schritt zu Ermüdung, wir fühlen uns lustlos und unzufrieden und haben oftmals Angst, den gestellten Anforderungen nicht genügen zu können. Hält Disstress über lange Zeit an und gibt es zwischen Disstressphasen keine Phasen der Erholung, kommt es zu den vorhin genannten gesundheitlichen Folgen.

Wodurch entsteht Stress?

Viele der Stressursachen haben wir Menschen uns selbst zuzuschreiben. Wir leiden unter Problemen, die durch Ehrgeiz, Erfolgsstreben und Prestigedenken entstehen, durch Konkurrenz, Hierarchien und falsche Autoritäten.

Wir haben jedoch gelernt, mit Stress – meist mehr schlecht als recht – umzugehen. Er begegnet uns in unserer täglichen Arbeit, in jeder Phase, in jedem Alter und fordert uns immer wieder aufs Neue heraus, ihn individuell zu bewältigen.

Folgende Stressreize (Stressoren) können Stress auslösen:

Äußere Stressoren	Innere Stressoren
Termindruck, Eile	Ängste
Vieles gleichzeitig machen zu müssen	Selbstzweifel
	Gefühl der Ablehnung
Arbeitsüberlastung	Soziale Isolation
Hitze, Lärm, Umwelteinflüsse	Gefühl, immer zu kurz zu kommen

89

Äußere Stressoren	Innere Stressoren
Konfliktträchtige Organisationsabläufe und Strukturen im Unternehmen	Gefühl der Aussichtslosigkeit
Anstrengender Kontakt zu anderen Menschen	
Streit, Konflikte	
Finanzielle, wirtschaftliche Probleme	
Straßenverkehr	
Informationsflut	
Soziale Isolation	

Stress entsteht jedoch nicht automatisch, wenn diese Stressoren vorhanden sind. Wir können selbst beeinflussen, ob wir Stressreize auf uns wirken lassen und, vor allem, wie wir sie wirken lassen.

Welche persönlichen Stressauslöser am Arbeitsplatz, in Ihrem Arbeitsalltag fallen Ihnen spontan ein?

Folgende Situationen und/oder Personen lösen bei mir Stress aus:

_____

_____

_____

_____

Tag 18:
Stress entsteht im Kopf

Das bedeutet, dass nicht die Situation oder die Person an sich den Stress auslöst, sondern das, was wir über die Person, die Situation und uns selbst in diesem Moment denken.

Unsere Gedanken steuern unsere Handlungen!

Kennen Sie das Gefühl, wenn Ihnen alles gelingt, alles leicht von der Hand geht, Ihnen Menschen freundlich und offen entgegenkommen, Erfolge sich wie von selbst einstellen? Dazu trägt immer Ihre eigene positive Einstellung einen großen Anteil bei. Sie gehen mit Gedanken wie »Das schaffe ich, meine Kunden sind in Ordnung, und ich bin kompetent und gut drauf!« an den neuen Tag oder an neue Herausforderungen heran und steuern damit Ihr Verhalten und in weiterer Folge die Reaktion Ihrer Mitmenschen auf Ihr positives Verhalten.

Oder sind Sie schon mal mit dem falschen Fuß aufgestanden und Ihr Gedanke »Was ist denn heute für ein Tag, ich bin einfach schlecht drauf!« hat sich genau so erfüllt? Auch hier haben Sie in erster Linie selbst dazu beigetragen, dass Ihre Prophezeiung in Erfüllung geht.

Negative Einstellungen haben die Eigenschaft, sich selbst immer wieder zu beweisen. Positive auch!

Wie kann man Stress reduzieren?

Eine Möglichkeit, Stress zu reduzieren, ist die Technik des bewussten Umdenkens.

Dazu ist es nötig, sich mit seinen negativen Denkmustern auseinander zu setzen und diese dann positiv umzuformulieren:

Perfektionismus:	→	Realistisch bleiben:
Ich darf keine Fehler machen!		Ich muss nicht immer 130 Prozent geben!
Ich muss es besser als andere machen.		Ich mache alles, so gut ich es kann.

Pessimismus:	→	Positiv denken:
Das schaffe ich niemals!		Ich schaffe das, so gut ich es kann!
Das klappt nie!		Dafür werde ich eine Lösung finden!

Selbstvorwürfe:	→	Sich anerkennen und schützen:
Ich habe mich nicht genug bemüht.		Ich habe mein Bestes gegeben.
Nie gelingt mir etwas richtig toll.		Ich probiere es noch einmal.

Nun setzen Sie sich mit Ihren eigenen negativen Denkmustern auseinander und formulieren Sie diese danach positiv um.

Welche Gedanken gehen mir durch den Kopf, wenn ich im Stress bin? Welche Gedanken verursachen bei mir Stress?

_____

_____

_____

_____

_____

_____

_____

_____

_____

_____

Nun setzen Sie Ihre Stressauslöser- und/oder Stressverstärker-
gedanken außer Kraft und formulieren Sie diese positiv um.
Das Ergebnis soll sein, dass Sie wieder in der Lage sind, Ihre
Ressourcen und Fähigkeiten in jeder Situation voll und eigen-
ständig zu nutzen.

**Umformulierte Stressauslöser- und/oder Stressverstärker-
gedanken**

_____

_____

_____

_____

_____

_____

_____

_____

_____

_____

Welcher Stresstyp sind Sie?

In der modernen Stressforschung wurden zwei Gruppen von Stresstypen geschaffen. Je nachdem, welche der folgenden Aussagen auf Sie zutrifft, können Sie im Text nach dem Test Ihren persönlichen Stresstyp herausfinden.

Selbsttest

Welche der folgenden Aussagen trifft auf Sie zu? Entscheiden Sie rasch und spontan. Am besten ohne langes Nachdenken. Aus »dem Bauch heraus«.

	Trifft zu	Trifft nicht zu
Ich fühle mich oft unter Zeitdruck		
Bei Spielen kann ich schlecht verlieren		
Ich möchte häufig am liebsten mehrere Dinge gleichzeitig tun		
Ich ärgere mich oft über andere		
Mein Leben ist oft ziemlich hektisch		
Ich bin sehr ehrgeizig		
Ich kann sehr schlecht abschalten		
Pünktlichkeit ist für mich besonders wichtig		
Ich kann schlecht Nein sagen		
Vorwürfe bringen mich leicht aus der Ruhe		

Auswertung des Selbsttests Typ-A- und Typ-B-Verhalten

Zählen Sie nun zusammen, wie oft Sie »Trifft zu« angekreuzt haben (für jedes »Trifft zu« ein Punkt, für jedes »Trifft nicht zu« null Punkte).

Bis 2 Punkte   kein sicherer Hinweis für Typ-A-Verhalten
3 bis 4 Punkte   Typ-A-Verhalten schwach ausgeprägt
5 bis 6 Punkte   Typ-A-Verhalten mittelmäßig ausgeprägt
Mehr als 6 Punkte   starkes Typ-A-Verhalten

Was charakterisiert nun den so genannten A-Typen?

Der A-Typ wendet häufig einen aggressiven Sprachstil an, lacht lieber über andere als über sich selbst. Er verbirgt seine Anspannung nach außen, zeigt Ungeduld oder Konkurrenzdenken oftmals nicht offen. Es fällt ihm schwer, Gefühle zu zeigen und Schwächen einzugestehen.

Die Verhaltensmuster des A-Typen stellen eine besondere Gefährdung für Erkrankungen (zum Beispiel Herzinfarkt) dar, da sich diese Menschen fast immer »unter Druck« und »gehetzt« fühlen.

Menschen mit mittelmäßig bis stark ausgeprägtem Typ-A-Verhaltensmuster sollten Entspannungsmethoden erlernen und im Alltag regelmäßig anwenden.

Der so genannte B-Typ

Der B-Typ ist eher besonnen, ruhig und kompromissbereit, ohne deswegen bequem oder faul zu sein. Er fühlt sich nur selten unter Zeitdruck gesetzt, hat Spaß am Spiel und kann ohne Schuldgefühle entspannen. Die äußeren Zeichen von Erfolg sind ihm meist weniger wichtig, er muss auch nicht immer und überall Recht haben. Ständige Hektik und Kampfbereitschaft fehlen in seinem Arbeitsalltag.

Tag 19:
Ihre persönlichen Energiequellen

Willkommen am Tag 4 in dieser Woche. Nun haben Sie sich in den beiden vergangenen Tagen sehr intensiv mit dem Thema Stress auseinander gesetzt. Sie wissen nun, wodurch Stress entsteht, was Stress auslöst und welche Folgen Stress haben kann. In einigen Selbsttests konnten Sie herausfinden, wer oder was in Ihrem täglichen Arbeitsumfeld Stress auslöst und zu welchem Stresstyp Sie persönlich neigen.

Heute geht es einen Schritt weiter. Wir machen uns gemeinsam auf die Suche nach Energiequellen, welche es Ihnen ermöglichen werden, Stress oftmals erst gar nicht entstehen zu lassen und, wenn es mal passiert, danach wieder leichter entspannt und voller Energie den Alltag zu bewältigen.

Im Anschluss finden Sie eine Reihe von wertvollen Tipps und Möglichkeiten, um Stress im Arbeitsalltag zu vermeiden. Nicht alle Tipps sind für jeden Menschen und jeden Tätigkeitsbereich gleich gut geeignet. Lesen Sie die folgenden Seiten aufmerksam durch und übernehmen Sie die Dinge, die für Sie persönlich wertvoll und umsetzbar sind.

Der »Sägezahneffekt«

Sie kennen die Situation wahrscheinlich sehr gut: Sie arbeiten gerade konzentriert an einem wichtigen Projekt. Nach einiger Einarbeitungszeit sind Sie so richtig »im Thema drin«, die Ideen sprudeln, die Arbeit geht leicht von der Hand. Und dann passiert es: Das Telefon läutet, eine neue E-Mail-Nachricht kommt an, oder der nette Kollege aus der Abteilung nebenan kommt ins Büro gestürmt. Sie heben das Telefon ab, lesen die neue E-Mail oder beantworten dem Kollegen seine Frage. Weg ist die Konzentration, und Sie können wieder von neuem beginnen. Bis die Arbeit wieder so läuft wie vorher, vergeht einiges an Zeit. Durch Unterbrechungen geht nicht nur Zeit, sondern auch Energie verloren man kann sich weniger gut konzentrieren und ermüdet rascher. Schaffen Sie sich »geschützte Zonen«, in denen Sie ungestört an wichtigen, konzentrationsintensiven Themen arbeiten können. Sie werden sehen, das Ergebnis wird qualitativ hochwertiger, und Sie werden schneller fertig.

Fassen Sie Zeitdiebe

Als Zeitdiebe bezeichnet man Tätigkeiten, Menschen oder Umstände, die Ihnen (nomen est omen) Ihre Zeit stehlen. Das bedeutet nicht, dass diese Zeitdiebe per se schlecht sind. Oftmals ist es nur eine Frage der Organisation und des Zeitmanagements, diese rasch in den Griff zu bekommen. Vielleicht haben Sie die Möglichkeit, Störfaktoren zeitlich zu bündeln oder für bestimmte Zeitfenster abzublocken. Folgende Zeitdiebe sind in unseren Büros weit verbreitet:

– Schlechte Tagesplanung
– Versuch, zu viel auf einmal zu tun
– Fehlende Übersicht über anstehende Aufgaben
– Die Suche nach Arbeitsunterlagen
– Telefonische Unterbrechungen
– Unterbrechung durch E-Mails
– Nicht Nein sagen können
– Unprofessionell moderierte Besprechungen und Meetings
– »Aufschieberitis«
– Wartezeit bei Terminen
– E-Mail-Flut

Ergänzen Sie nun die Liste noch um Ihre persönlichen Zeitdiebe!

_____

_____

_____

_____

_____

Nein sagen

Viele Menschen stecken bis zum Hals in Arbeit oder in privaten Aktivitäten und schaffen es dennoch nicht, Nein zu weiteren Anfragen und Angeboten zu sagen.

Gehen Sie im beruflichen Alltag und vor allem in Ihrer Freizeit (da können Sie meist freier entscheiden) bewusst und nach Ihren eigenen Bedürfnissen mit Ihrer Zeit um. Sagen Sie mit gutem Gewissen öfter Nein!

Setzen Sie Prioritäten

Wenn sich auf Ihrem Schreibtisch Unmengen noch zu erledigender Arbeiten türmen, ist es sinnvoll, Prioritäten zu setzen. Arbeiten Sie die anstehenden Themen nicht nach dem Prinzip »Von oben nach unten« durch.

Eine gut geeignete Technik dafür ist die so genannte Eisenhower-Methode.

Dieses Prinzip wurde vom US-Präsidenten und Alliiertengeneral Dwight D. Eisenhower praktiziert und gelehrt. Dabei werden alle Aufgaben anhand der Kriterien wichtig/unwichtig und dringend/nicht dringend in vier Quadranten verteilt. Die Einteilung erfolgt wie folgt:

Die Y-Achse gibt Auskunft über die Wichtigkeit einer Aufgabe. Wenn eine Aufgabe oben angesiedelt ist, so ist sie wichtig. Ist sie unten angesiedelt, ist sie unwichtig. Die X-Achse beschreibt die Dringlichkeit einer Aufgabe. Ist eine Aufgabe links angesiedelt, so ist die Aufgabe dringend. Ist die Aufgabe rechts angesiedelt, so ist sie nicht dringend. Es ergeben sich somit vier Kombinationsmöglichkeiten, in denen die zu erledigenden Arbeiten eingeteilt werden.

Priorität A:

Sehr wichtig und sehr dringend. Diese Aufgaben gehören auf die To-do-Liste und müssen am heutigen Tag erledigt werden.

Beispiel: Sie haben mit einem Kunden einen Rückruf für heute Vormittag vereinbart. Dazu fehlen Ihnen noch Informationen aus einer anderen Abteilung. Die Einholung dieser Infos und der Rückruf des Kunden sind Priorität A, weil wichtig und dringend.

Priorität B:

Sehr wichtig und wenig dringend. Diese Aufgaben gehören nicht auf Ihre To-do-Liste für den heutigen Tag. Vereinbaren Sie fixe Termine mit sich selbst, wann Sie diese Aufgaben erledigen. Und halten Sie diese auch ein.

Beispiel: Sie haben beim letzten Teammeeting versprochen, einen Vorschlag für eine optimierte Reklamationsannahme im Unternehmen bis zum nächsten Quartalsmeeting auszuarbeiten. Dieses findet in drei Wochen statt. Priorität B, weil wichtig, aber im Moment nicht dringend. Setzen Sie sich einen realistischen Termin und arbeiten Sie Ihren Vorschlag aus.

Priorität C:

Wenig wichtig, aber dringend. Die Aufgaben gehören auf Ihre To-do-Liste, und wann immer keine A-Aufgaben mehr zu erledigen sind, widmen Sie sich diesen Dingen.

Beispiel: Sie sollten Ihre Menüwahl für das Kantinenessen nächste Woche bis heute 16 Uhr bekannt geben. Priorität C, denn falls Sie diesen Termin nicht wahrnehmen, werden Sie nächste Woche trotzdem nicht verhungern.

Priorität D:

Nicht wichtig und nicht dringend. Ab in den Mülleimer damit!

Nicht alles gleichzeitig

Erledigen Sie nur eine einzige Aufgabe zur gleichen Zeit. Wenn Sie sich auf mehrere Dinge gleichzeitig konzentrieren müssen, werden Sie schneller müde, und die Qualität Ihrer Arbeit wird sinken. Entscheiden Sie sich, was Sie als Nächstes tun werden, und bleiben Sie für die Zeit, die Sie dafür benötigen, dabei.

Agieren statt reagieren

Gibt es Umstände in Ihrem Arbeitsumfeld, mit denen Sie nicht zufrieden sind? Dann warten Sie nicht darauf, dass alles von selbst besser wird. Bringen Sie sich persönlich ein. Bringen Sie Ihre Ideen ein, vereinfachen Sie Arbeitsabläufe, schaffen Sie sich die bestmöglichen Arbeitsbedingungen. Mehr dazu noch im Kapitel »Psychohygiene, Tag 19«.

Leben Sie gesund

Zum Frühstück einen schnellen Kaffee, mittags einen kleinen Snack vom Fastfoodrestaurant und am Abend endlich Zeit für ein ausgiebiges Essen. So sieht der Speiseplan von vielen gestressten Mitmenschen aus. Kombiniert mit wenig bis gar keiner Bewegung und einem gehetzten Arbeitsalltag ergibt das den perfekten Cocktail, um möglichst rasch an einer der so genannten »Zivilisationskrankheiten« zu leiden. Überdenken Sie Ihren Lebensstil!

Pflegen Sie soziale Kontakte

Neueste Studien zeigen, dass Menschen, die in ein System von engen sozialen Kontakten und gegenseitiger sozialer Unterstützung eingebunden sind, sich im Vergleich zu anderen weniger gestresst fühlen und insgesamt gesünder leben. Dadurch verlängert sich statistisch ihre Lebenszeit um einige Jahre. Nach dem Motto »Geteiltes Leid ist halbes Leid« oder »Geteilte Freude ist doppelte Freude« leben viele Menschen einfach zufriedener und glücklicher.

Beantworten Sie nun bitte folgende Fragen über Ihr persönliches soziales Umfeld:

Welche Personen in meiner Umgebung sind mir besonders wichtig?

_____

_____

_____

_____

Mit wem spreche ich über Dinge, die mir persönlich ein Anliegen sind?

_____

_____

_____

_____

Mit wem unternehme ich Aktivitäten (Sport, Hobbys, Urlaub, Kino …)?

_____

_____

_____

_____

Mit wem würde ich gerne engeren, häufigeren Kontakt pflegen?

_____

_____

_____

_____

Im vorangegangenen Abschnitt haben wir über verschiedene Arten von Stress gesprochen. Auch über den so genannten Eustress, den positiven Stress. Beim Eustress ist biochemisch gesehen »Noradrenalin« der Hauptakteur in unserem Körper, was sich positiv auf die Ausschüttung von Glückshormonen (wie Endorphine und Serotonine) auswirkt. Diese Glückshormone können wir auch bewusst »produzieren«.

**Schaffen Sie sich Ihre Wohlfühlmomente –
suchen Sie Ihre Energiequellen**

Beantworten Sie bitte auf der Suche nach Energiequellen folgende Fragen:

Welche Aktivitäten tun mir besonders gut?

_____

_____

_____

_____

In welchen Situationen bin ich ganz ich selbst?

_____

_____

_____

_____

Nach welchen Aktivitäten fühle ich mich energiegeladen und/oder ausgeglichen?

_____

_____

_____

_____

Wann fühle ich mich völlig wohl?

_____

_____

_____

_____

In welchen Situationen denke ich ausschließlich an das »Hier und Jetzt«, an den momentanen Augenblick, und bin mit meiner ganzen Energie bei dem, was ich gerade tue?

_____

_____

_____

_____

In welcher Umgebung tanke ich am besten Energie?

_____

_____

_____

_____

»Glück ist, wenn man zusieht, wie die Zeit vergeht, und man davon überzeugt ist, dass sie für einen arbeitet!«

Werner Schneyder

Als Abschluss des heutigen Tagesprogramms nehmen Sie sich jetzt bitte einige Momente Zeit und überlegen Sie, um das Wissen aus den vergangenen Kapiteln bereichert, welche drei Veränderungen Sie persönlich herbeiführen möchten.

Notieren Sie unten stehend das Verhalten, das Sie verändern werden. Denken Sie auch darüber nach, wie Sie die Veränderungen, also Ihre Vorsätze, überprüfen können und was Sie dazu motiviert.

1. Vorhaben:

Was will ich verändern?

_____

_____

_____

Was muss ich tun, um die Veränderung herbeizuführen?

_____

_____

_____

Wie kann ich die Veränderung kontrollieren? Wie bemerke ich sie?

_____

_____

_____

Was wird danach besser sein?

_____

_____

_____

2. Vorhaben:

Was will ich verändern?

_____

_____

_____

Was muss ich tun, um die Veränderung herbeizuführen?

_____

_____

_____

Wie kann ich die Veränderung kontrollieren? Wie bemerke ich sie?

_____

_____

_____

Was wird danach besser sein?

_____

_____

_____

3. Vorhaben:

Was will ich verändern?

_____

_____

_____

Was muss ich tun, um die Veränderung herbeizuführen?

_____

_____

_____

Wie kann ich die Veränderung kontrollieren? Wie bemerke
ich sie?

_____

_____

_____

Was wird danach besser sein?

_____

_____

_____

Tag 20:
Fünf Praxistipps für die Umsetzung

Und wieder einmal ist es so weit. Tag 5 der vierten Woche. Wie doch die Zeit vergeht! Nun fassen wir zum vierten Mal in diesem Buch gemeinsam eine Woche mit den wichtigsten Highlights zusammen. Wie gewohnt gibt es die Essenz der vorangegangenen Kapitel in fünf Praxistipps zusammengefasst.

Praxistipp 1:

Die richtige Einstellung: Die Entscheidung liegt bei Ihnen. Sehen Sie reklamierende Kunden als lästige Nörgler, die Sie in Ihrem Arbeitsablauf stören, oder sind Kunden, die eine Beschwerde deponieren möchten, willkommene, kostenlose Unternehmensberater? Die Werkzeuge, um Kunden professionell zu begleiten, haben Sie nun an der Hand. Treffen Sie Ihre Wahl!

Praxistipp 2:

Mensch ärgere mich nicht! Sie erinnern sich? Disstress (negativer Stress) und Eustress (positiver Stress) treten infolge verschiedenster Auslöser (Stressoren) auf. Machen Sie sich Ihre persönlichen Stressoren bewusst, reduzieren Sie die Disstressauslöser und planen Sie bewusst Eustressfaktoren in Ihren Arbeitsalltag ein.

Praxistipp 3:

Stress entsteht im Kopf! Unsere Gedanken steuern unsere Handlungen. Verabschieden Sie sich von übertriebenem Perfektionismus, nicht alles muss zu 130 Prozent perfekt sein. Denken Sie positiv! Sie sind der Profi an Ihrem Arbeitsplatz, sonst wären Sie nicht da, wo Sie jetzt sind. Und nicht zuletzt, anerkennen Sie Ihre Leistungen. Sie schaffen tagtäglich ein Menge. Auch wenn vieles bereits Alltag ist, selbstverständlich ist es nicht!

Praxistipp 4:

Nutzen Sie Ihre Energiequellen: Reklamierende Kunden, ein stressiger Arbeitsalltag, Doppelbelastungen, Familie und Freunde, Freizeitstress – das sind alles Faktoren, die sich an Ihren Energiequellen bedienen. Vergessen Sie nicht darauf, diese Energiequellen rechtzeitig wieder aufzufüllen. Zu diesem Zweck empfiehlt es sich, Zeitdiebe auszuschalten, den Sägezahneffekt zu berücksichtigen und gesund zu leben.

Praxistipp 5:

Schaffen Sie sich Ihr »Wohlfühl-Umfeld«: Ob am Arbeitsplatz oder im privaten Bereich, die Umgebungsbedingungen beeinflussen Ihr Tun und damit Ihr Wohlbefinden maßgeblich. Gestalten Sie Ihren Arbeitsplatz, soweit möglich, angenehm und umgeben Sie sich in Ihrer Freizeit mit Menschen, die Sie mögen. Das bringt Energie und Power für die Herausforderungen des Lebens.

Und was kommt jetzt? Genau, nun geht es wie gewohnt an die Umsetzung Ihrer Vorhaben in Ihren Arbeitsalltag.

Umsetzung in Ihre Praxis

Überlegen Sie sich, wie bereits mehrfach praktiziert, welche maximal fünf Vorhaben aus der vergangenen Woche Sie in den nächsten Tagen umsetzen wollen.

Schnappen Sie sich wieder Ihren Block Post-its und beschriften Sie jeweils ein Blatt mit einem Stichwort, welches Ihr Umsetzungsvorhaben beschreibt und idealerweise positiv formuliert ist. Sie wissen ja bereits, wie in den vergangenen Wochen.

Einige Beispiele:

1. Post-it: »Mensch ärgere mich nicht!«
2. Post-it: »Energiequellen bewusst nutzen!«
3. Post-it: …

Bringen Sie danach, wie gehabt, die bis zu fünf beschrifteten Post-its (alle noch aufeinander, das Wichtigste zuoberst) am Arbeitsplatz an, und los geht's.

Die fünfte Woche

Infos und Checklisten

Zusätzlich, als Bonus sozusagen, gibt es diese Woche noch wichtige Informationen zum Thema Kommunikation und einige Checklisten für Ihre Reklamationspraxis. Sie erfahren Wichtiges über eine bereits bei den Rückkoppelungsfragen angekündigte Technik: das aktive Zuhören. Die telefonische und die schriftliche Reklamationsbearbeitung werden diese Woche auch noch Thema sein. Und Sie bekommen Werkzeuge und Informationen zur Optimierung des internen Reklamationsprozesses in Ihrem Unternehmen an die Hand.

Tag 21:
Das aktive Zuhören

Das Beste an der heute besprochenen Technik ist: Sie setzen Sie bereits jetzt oftmals erfolgreich ein. Meistens jedoch unbewusst. Wie Sie das aktive Zuhören bewusst und somit auch ganz gezielt einsetzen können und welch mächtiges Instrument es darstellt, ist Thema des heutigen Tages.

Wenn Ihr Kunde eine Beschwerde hat, so heißt das, dass er eine emotionale Last mit sich herumträgt, die er gerne loswerden möchte. Wenn Sie die Bereitschaft zeigen, ihm diese Last abzunehmen, schaffen Sie Voraussetzungen dafür, um auch in den Sachfragen mit dem Kunden auf einen Nenner zu kommen (Emotionskurve). Hören Sie dem Kunden also gut zu!

Man unterscheidet zwei Arten des Zuhörens: Die eine ist passiv, das heißt, man hört hin und schweigt, ist aber innerlich oft nicht wirklich beteiligt.

Die andere ist aktiv; sie dient dem Bemühen, sich in die Gefühls- und Gedankenwelt des Gesprächspartners hineinzuversetzen mit dem Ziel, sein Anliegen auch wirklich zu verstehen, emotional und rational. Diese Haltung teilt dem anderen mit, dass es im Moment nichts Wichtigeres gibt als ihn.

Durch das Anwenden des aktiven Zuhörens bringen Sie den Partner dazu, dass er sich öffnet und seine Emotionen anspricht. Es ist sehr wichtig und sogar entscheidend für den Verlauf eines Reklamationsgesprächs, dass der Kunde Gelegenheit bekommt, seinen aufgestauten Gefühlen Luft zu machen. Hat der Kunde das Gefühl, verstanden zu werden, trägt dies zu einem emotionalen Klima bei, das sich natürlich auch positiv auf die Sachebene auswirkt.

Das aktive Zuhören lässt sich in vier aufeinander folgende Teilbereiche gliedern:

1. Ermutigen

Person zum Sprechen animieren	»hm«, »mhmmmm« …
Hemmungen überwinden	»Das ist interessant«
Aufbau des Vertrauens	»Ja, ich höre …«

2. Wiederholen

Aufzeigen, dass zugehört wurde	»Wenn ich richtig verstanden habe, ist es Ihre Idee …«.
Um selbst nicht vorschnell zu urteilen, mit Betonung der Fakten aus eigener Sicht	»Es ist also Ihre Ansicht, dass …«
Zeit gewinnen zum Nachdenken	

Kommunikationsforscher haben festgestellt, dass das Hören der eigenen Worte aus dem Mund des Verkäufers im Unterbewusstsein des Kunden das Gefühl des Vertrauens maßgeblich stärkt und die Beziehungsebene positiv beeinflusst.

3. Reflektieren

Den Gesprächspartner wissen
lassen, dass Sie seine Gefühle
verstehen

»Ich verstehe, dass Sie
darüber verärgert sind.«

4. Zusammenfassen

Die wichtigen Faktoren
auf einen Blick

»Für Sie ist also
entscheidend, dass …«

Grundlage für weitere Gespräche schaffen

Der letzte Schritt beim aktiven Zuhören besteht wie gesagt darin, in den Worten des Kunden den wesentlichen Inhalt des Gesprochenen zusammenzufassen. Dieses Zusammenfassen hat mehrere Vorteile:

- Der Kunde fühlt, dass Sie ihm aufmerksam zugehört haben; dies trägt zu einer emotionalen Übereinstimmung bei.

- Sie können feststellen, ob Sie den Kunden richtig verstanden haben, und vermeiden dadurch Missverständnisse.

- Durch das Zusammenfassen geben Sie dem Kunden die Gelegenheit, seine Darstellung zu bestätigen oder zu korrigieren.

Natürlich hat jede Gesprächstechnik auch ihre Haken. Besonders in heiklen Gesprächssituationen, wie im Reklamationsgespräch, sollte man bestimmte Aspekte beachten.

Was Sie beim aktiven Zuhören besser unterlassen sollten:

Zu sehr von der eigenen Betroffenheit oder anderen Gefühlen erzählen

»Das ist mir kürzlich auch passiert.«
»Dazu kann ich Ihnen auch was erzählen«

Sofort Sachfragen stellen

»Wie ist das passiert?«
»Wo war denn das?«

Kritisieren, moralisieren und verallgemeinern

»Da haben Sie einen Fehler gemacht.«
»Das gehört nicht hierher.«

Ratschläge erteilen, belehren, warnen

»Da machen Sie am besten gleich Folgendes.«
»Da weiß ich Ihnen einen guten Rat.«

Wir haben zwei Ohren, jedoch nur einen Mund. Aktives Zuhören bedeutet mehr, als den Kunden nicht zu unterbrechen!

Beobachten Sie sich und Ihre Gesprächspartner im beruflichen und privaten Umfeld in den nächsten Tagen ganz bewusst. Wann »passiert« das aktive Zuhören unbewusst, sozusagen ganz von allein? Können Sie das Gespräch steuern, indem Sie die Technik bewusst einsetzen? Schaffen Sie es, Ihr Gegenüber zum Erzählen zu animieren?

Viel Freude beim aktiven Zuhören!

Tag 22:
Die telefonische Reklamation

Das heutige Kapitel soll Ihnen Anregungen und Tipps zur telefonischen Reklamationsbearbeitung bieten.

Der Griff zum Telefonhörer fällt ja vielen Kunden, wie wir wissen, wesentlich leichter als die persönliche Reklamation oder die Beschwerde per Brief. Deshalb ist es auch gut verständlich, dass der Anteil an telefonischen Reklamationen immer höher wird. Wie in einem vorangegangenen Kapitel auch bereits erwähnt, sollen Unternehmen es Ihren Kunden ja auch möglichst leicht machen, ihre Unzufriedenheit zu deponieren. Somit verfolgen Unternehmen, welche Einrichtungen wie Callcenter und Beschwerdehotlines implementieren, sicherlich einen kundenorientierten Trend. Sind Kunden mit Ihren Dienstleistungen oder Ihren Produkten nicht zufrieden, besteht dadurch die Möglichkeit, auf dem schnellsten Wege zu reagieren.

Die telefonische Reklamation birgt folglich eine Reihe von Vorteilen, aber auch einige mögliche Risiken für Kunden wie Unternehmen.

Die in den letzten Tagen besprochene **Sieben-Schritte-VBC-Reklamationsstruktur** hat auch im telefonischen Gespräch ihre Gültigkeit. Sie eignet sich hervorragend dazu, verärgerte Kunden am Telefon zu besänftigen und mit ihnen gemeinsam Lösungen zu erarbeiten.

Zusätzlich beachten Sie bitte im telefonischen Kunden-kontakt folgende Herausforderungen:

Fehlende Körpersprache

Am Telefon steht Ihnen weder die eigene Gestik und Mimik als Unterstützung Ihrer Aussagen zur Verfügung, noch können Sie aus der Körpersprache Ihres Kunden etwas ableiten.

Aus diesem Grund sollten Sie Ihrer Stimme und Aussprache noch mehr Beachtung schenken. Sprechen Sie laut und deut-lich. Kaugummi und Brotzeit haben hier (wie generell in der Kommunikation mit dem Kunden) nichts verloren! Sprechen sie nicht zu schnell und machen Sie Pausen. Sie können dadurch den nächsten Gedanken fassen, und Ihr Kunde hat die Möglichkeit, Ihnen gedanklich leichter zu folgen. Verwenden Sie den Namen Ihres Kunden. Dies gleicht den fehlenden Blickkontakt ein wenig aus. Und achten Sie auf Ihren Gesichts-ausdruck! Ein Lächeln kann man freilich am Telefon nicht sehen, aber wenn Sie grimmig oder gelangweilt blicken, wird Ihr Kunde am anderen Ende der Leitung das spüren.

Tipp: Nehmen Sie sich einen kleinen Spiegel mit ins Büro und beobachten Sie Ihre Mimik während eines Telefongesprächs!

Zu schnelle Reaktion

Wie jetzt?, werden Sie sich vielleicht fragen. Zuerst hieß es noch, eine schnelle Reklamationsbearbeitung sei eine gute Reklamationsbearbeitung, und jetzt soll ich langsam reagieren? Nicht langsam, sondern sensibel und einfühlsam, lautet die Devise. Da Sie Ihren Kunden am Telefon ja nicht sehen, folg-lich keinen roten Kopf, aufgerissene Augen, vibrierende Stimmbänder oder Schweißperlen auf der Stirn wahrnehmen können, besteht die Gefahr, dass Sie den Kunden zu »schnell weiterhelfen«. Oder zu rasch mit einer Lösung rausrücken, die der Kunde (denken Sie an die Emotionskurve) noch gar nicht hören, geschweige den verstehen kann und weshalb dann auch voreilig mit einem Nein reagiert. Also, Bedachtsamkeit ist angesagt. Bleiben Sie geduldig, auch wenn Ihr Wille zu einer raschen Beendigung des Gesprächs nachvollziehbar ist.

Mangelndes aktives Zuhören

Wenn Sie Ihrem Kunden im persönlichen Gespräch in die Augen sehen, zur Zustimmung mit dem Kopf nicken, mit offener Körperhaltung zuhören und Notizen machen, ist ihm klar, dass Sie ihm interessiert zuhören, dass Sie versuchen, ihn zu verstehen, und dass der Kunde Ihnen wichtig ist. Im telefonischen Reklamationsgespräch fallen alle vorher genannten Möglichkeiten des aktiven Zuhörens weg! Deshalb ist es immens wichtig, die im Schritt 7 beschriebenen Bereiche des aktiven Zuhörens, wie Zustimmungslaute (mhmmm), Verständnisfragen zu stellen und Kunden beim Namen zu nennen, gerade am Telefon verstärkt einzusetzen. Und sagen Sie Ihren Kunden, dass Sie sich Notizen machen.

Vermittlungsmarathon

Schon mal erlebt? Sie rufen als Kunde in einem Unternehmen an, kennen keinen Ansprechpartner, haben aber ein konkretes Problem, und keiner weiß Bescheid? Dann wissen Sie wohl sehr genau, wovon ich hier spreche. Vom schier endlosen Vermitteltwerden, vom Gefühl, dass jedem außer Ihnen ziemlich egal ist, wie es mit Ihrem Problem weitergeht.

Deshalb hier nun ein Appell an alle, die eines Tages einen Kunden am Telefon haben und nicht genau wissen, welcher Kollege denn eigentlich nun für dieses spezielle Problem in welcher Abteilung zuständig ist, folgende Bitte: *Nicht* weitervermitteln! Schreiben Sie den Namen und die Rufnummer des Kunden auf, stellen Sie ihm zwei bis drei Fragen, um seine Situation zu erörtern, machen Sie sich Notizen und vereinbaren Sie einen Rückruf. Dann, während Ihr Kunde nicht mehr am Hörer oder von Computermusik begleitet im Warteschleifen-Nirwana hängt, machen Sie sich auf die Suche. Nach dem verantwortlichen Kollegen, nach einer für den Kunden adäquaten Lösung, und dann, erst dann rufen Sie oder Ihr Kollege zum vereinbarten Zeitpunkt den Kunden zurück. Er wird es Ihnen danken.

Fachsprache ist Fremdsprache

»Da hat unsere Systemkoordinatorin im Back-Office des VBC-Partners vermutlich im Intranet den Drei-Sterne-Teilnehmerinformationsbogen anstatt der Hotelseminarraumcheckliste erwischt!« Alles klar? Oder doch nicht? Begriffe und Ausdrücke Abläufe und Internas, die für uns und unsere Kollegen zum Alltag gehören, klingen in den Ohren unserer Kunden oftmals wie eine unbekannte Fremdsprache. Aus diesem Grund gilt: Je einfacher, umso besser. Und wenn sich Fachbegriffe nicht vermeiden lassen, erklären Sie Ihren Kunden, worüber und wovon Sie sprechen.

Hallo, sind Sie noch dran?

Falls Sie zur Lösung eines Kundenproblems, zur Beantwortung einer Frage oder zur Klärung einer Reklamation Zeit benötigen, vielleicht in der unternehmenseigenen Kundendatenbank oder in irgendwelchen Ordnern nachschlagen und blättern müssen, lassen Sie Ihren Kunden daran teilhaben. Sie wissen genau, was Sie tun; Ihr Kunde kann es nur erahnen. Und während Sie fieberhaft nach einer Seriennummer, einem Garantieformular oder einer Bestellnummer suchen, vergeht die Zeit wie im Flug. Aber eben nur bei Ihnen. Ihr Kunde, am anderen Ende der Telefonleitung wartend, hat rasch das Gefühl, als würden Sie im Zeitlupentempo arbeiten, wenn Sie ihm nicht sagen, was Sie tun. Das Phänomen, das Wartenden die Zeit quälend langsam und eifrig Beschäftigten die Zeit rasend schnell vergeht, ist bekannt. Die Griechen kennen zum Beispiel zwei Begriffe für Zeit: einmal »Chronos«, der Zeitbegriff für Sekunden, Minuten und Stunden, die tatsächlich, messbar vergangen sind. Und den Begriff »Kairos«, für die empfundene, vergangene Zeit. Also sagen Sie Ihren Kunden, womit Sie gerade beschäftigt sind.

Beispiel:

»Einen Augenblick, Frau Müller. Ich gebe gerade Ihre Kundennummer ein und erhalte gleich einen Überblick über den Fortschritt der Reparatur Ihres Telefons.«

So oder ähnlich informiert, wissen Ihre Kunden, was los ist, und langweilen sich nicht am anderen Ende der Telefonleitung.

Tag 23:
Die schriftliche Reklamation

Die schriftliche Reklamation in Form eines Briefs verschwindet heute zusehends von unseren Schreibtischen. Durch die wesentlich rascheren Möglichkeiten des Telefons oder des Kontakts per E-Mail wird der Beschwerdebrief immer mehr verdrängt. Dennoch gehört den wenigen Briefen und gerade den häufiger auftretenden E-Mails Aufmerksamkeit geschenkt. Auch diese sind Möglichkeiten, dem Kunden professionell und lösungsorientiert entgegenzukommen.

Musterbriefe können natürlich immer nur Anregungen geben. Die nachfolgenden Textbausteine – die Sie nach Möglichkeit ergänzen sollten – helfen Ihnen, Ihren ganz individuellen Brief oder Ihre E-Mail zu komponieren. Wählen Sie wie aus einem Rezeptbuch die »Zutaten« für Ihr persönliches Textmenü.

Nützliche Textbausteine – Wörter und Passagen, die »ankommen«

- Unterstützen
- Rasch, schnell
- Das bedeutet für Sie
- Ihre Wünsche
- Sorgfältig
- Zuverlässig

- Ihre Zufriedenheit
- Sie haben Recht, uns ist ein Fehler passiert
- Es liegt uns sehr viel daran
- Unser Vorschlag (wir schlagen vor)
- Garantieren
- Es tut uns Leid
- Komfort/komfortabel
- Gewinn/gewinnen Sie
- Ihr Vorteil
- Ihr Nutzen/nutzen
- Investieren
- In Zukunft
- Erfolgreich zusammenarbeiten
- Nichts unversucht lassen
- Wir bitten um Ihr Verständnis
- Bitte helfen Sie uns, die Angelegenheit rasch klären zu können
- Gewissenhaft
- Gute Zusammenarbeit

Entschuldigungen

Falls nach der Klärung des Reklamtionsgrundes feststeht, dass der Fehler in Ihrem Unternehmen liegt, helfen folgende Bausteine sehr gut dabei, Ihre Entschuldigung professionell zu formulieren und Ihr Bedauern auszudrücken.

So drücken Sie Ihr Bedauern (Ihre Entschuldigung) aus

- Wir bedauern, dass Sie so unerfreuliche Erfahrungen mit unserem Produkt machen mussten.

- Wir verstehen Ihren Ärger. Bitte entschuldigen Sie die Umstände …

- Der Fehler lag bei uns. Bitte entschuldigen Sie das Versehen.

- Wir bitten um Nachsicht für diese Panne.

- Mit unserer Entschuldigung verbinden wir die Bitte, uns die Angelegenheit nicht länger nachzutragen.

- Sie sind zu Recht verärgert. Wir möchten uns dafür entschuldigen. Unsere Lösung …

Finden Sie nun Ihre eigenen Ergänzungsvorschläge oder formulieren Sie die oben genannten für Sie passend um:

_____

_____

_____

_____

_____

_____

Achten Sie bitte auch hierbei wieder auf die Feinheiten: Wer sein Bedauern ausdrückt, lässt die Schuldfrage offen. Entschuldigungen sind nur angebracht, wenn die Schuld tatsächlich bei Ihnen liegt. »Präventive« Entschuldigungen wirken wenig glaubhaft.

Lösungsvorschläge

Ihre Lösungsvorschläge können Sie in schriftlicher Form mit folgenden Textbausteinen mitteilen:

- Wir wollen nun die Angelegenheit so schnell wie möglich aus der Welt schaffen. Deshalb …

- Seien Sie sicher, dass wir Sie nun umgehend zufrieden stellen werden.

- Wir haben den Umtausch der Ware inzwischen veranlasst und wünschen Ihnen viel Freude und zufriedene Stunden mit unserem Produkt.

- Ihre Reklamation ist berechtigt. Wir haben bereits gehandelt …

- Fehler sollte man bekanntlich sofort bereinigen. Wir haben deshalb veranlasst, dass …

- Wir möchten Sie als zufriedenen Kunden wiedergewinnen, aus diesem Grund …

Finden Sie nun Ihre eigenen Ergänzungsvorschläge oder formulieren Sie die oben genannten für Sie passend um:

_____

_____

_____

_____

_____

Diplomatische Absagen:

Nicht immer gibt es für Beschwerden eine den Kunden zufrieden stellende Lösung. Für diese Fälle eignen sich folgende Textbausteine gut. So erteilen Sie eine diplomatische Absage:

- Bitte verstehen Sie unseren Standpunkt ...

- Wir hoffen, Sie sind nicht allzu enttäuscht ...

- Wir können Ihre Sicht der Dinge durchaus nachvollziehen, doch bedenken Sie ...

- Obwohl wir unsere Kulanzrichtlinien im Interesse der Kunden sehr großzügig auslegen, müssen wir doch irgendwo Grenzen setzen.

- Sicher verstehen Sie, dass wir nicht zuletzt im Interesse einer für unsere Kunden günstigen Kalkulation nicht jedem Wunsch nach Kulanzbehandlung nachkommen können.

Finden Sie nun Ihre eigenen Ergänzungsvorschläge oder formulieren Sie die oben genannten für Sie passend um:

_____

_____

_____

_____

_____

Tag 24:
Der Reklamationsprozess
im Unternehmen

Im heutigen Kapitel unseres Buches wollen wir uns dem Reklamationsprozess in Ihrem Unternehmen widmen. Dabei ist es auch nötig, ein wenig über den eigenen Tellerrand hinauszublicken. Die Auseinandersetzung mit dem Reklamationsprozess zeigt möglicherweise auf, dass weit außerhalb Ihres Einflussbereichs Verbesserungspotenziale schlummern. Auch wenn diese nicht in Ihrem unmittelbaren Einfluss stehen, haben diese Faktoren jedoch sicherlich Auswirkungen auf Ihre tägliche Arbeit. Also liegt es auch an Ihnen, hier mitzuarbeiten und Ihre Energie mit einzubringen.

Der Reklamationsprozess

Um den Reklamationsprozess in Unternehmen konkret darzustellen, bietet sich das **3-A-Modell** an. Jede Reklamation durchläuft folgende drei aufeinander folgende Stufen:

Aufnahme
Analyse
Abhilfe

Aufnahmephase

Die Aufnahme der Beschwerde erfolgt in vielen Unternehmen unterschiedlich. Ob Kunden den Kontakt persönlich oder über das Telefon suchen, ob Kunden einen Brief oder eine E-Mail schreiben oder ob Ihr Außendienst den Kunden besucht, sei dahingestellt. Eine professionelle Aufnahme der Beschwerden und Reklamationen ist der erste Schritt, um Kunden zufrieden zu stellen. In diesen Bereich gehören auch die Kapitel »Auf in die Praxis, Tag 11 bis Tag 14«, in denen wir uns um die einzelnen Schritte der kundenorientierten Kommunikation gekümmert haben. Das bedeutet im Idealfall, dass der Kunde nach erledigter Reklamation zufrieden gestellt und Ihr Unternehmen als lösungs- und kundenorientiert kennen gelernt hat.

Erfassen Sie jede Reklamation schriftlich, um in der anschließenden Analysephase über eine entsprechende Dokumentation zu verfügen. Folgende Checkliste ist ein Vorschlag, den Sie bei Bedarf in Ihrem Unternehmen anwenden können.

Reklamationen sind Chancen!

Eckdaten:

Datum:

Thema:

Welche Abteilung ist betroffen?

Kunde: Kundennummer:

Telefonnummer: Adresse:

Emotionslevel:

Was ist geschehen?

Wer, wo, wann, wie?

Die Reklamation bezieht sich auf:

Produkte?

Dienstleistungen?

Personen?

Lösungsvorschläge:

Was wurde vereinbart?

Termin?

Zusagen?

Weitergeleitet an:

Sonstiges:

Analysephase

Intern ist damit die Sache noch nicht abgeschlossen. In der Phase der Analyse geht es darum, in festgelegten Zeitabständen (je nach Häufigkeit von Reklamationen in Ihrem Unternehmen), nach bestimmten Kriterien die einzelnen Beschwerden zu analysieren und die Dokumentationen der einzelnen Abteilungen/Mitarbeiter zusammenzuführen. Ergebnis und folglich direkter Nutzen einer professionellen Analyse sind Maßnahmen, die in der Abhilfephase nicht nur Ihren Kunden helfen, sondern auch Ihnen das berufliche Leben erleichtern.

Folgende Fragestellungen können bei einem der nächsten Abteilungsmeetings hilfrei88ch sein:

Nach welchen Kriterien lassen sich die gesammelten Reklamationen zusammenführen?

_____

_____

Welche Ursachen liegen den Beschwerden zugrunde?

_____

_____

Treten bestimmte Reklamationsgründe zeitlich gesehen häufiger auf?

_____

_____

Wie agieren erfolgreiche Mitarbeiter in Reklamations-
situationen?

_____

_____

Was können wir daraus lernen und/oder standardisieren?

_____

_____

Positive Beispiele aus anderen Unternehmen:

_____

_____

Abhilfephase

Aus den in der Analysephase erarbeiteten Ergebnissen werden
nun Maßnahmen abgeleitet und Verbesserungsvorschläge
umgesetzt. Meist betreffen die Ergebnisse drei Bereiche im
Unternehmen: die Mitarbeiter, die Produkte und/oder Dienstleistungen oder die Kommunikation zwischen unserem Unternehmen und unseren Kunden. Häufig ist die Ursache einer Reklamation aber nicht in einem Bereich alleine angesiedelt, sondern
auch eine Kombination von Mängeln in den verschiedenen
Gebieten. Je nach Ursache geht es nun nach der Analyse darum,
die nötigen Schritte zu setzen, um die Verbesserungspotenziale
zu beseitigen. Vermutlich werden Sie diese Schritte nicht alleine
setzen können, sondern müssen dafür mit anderen Abteilungen
und Mitarbeitern oder Ihren Vorgesetzten zusammenarbeiten.

Denken Sie bei dieser Gelegenheit an das Kapitel »Psycho-hygiene, Tag 19« – »Agieren statt reagieren«! Dazu eine kurze Geschichte:

Die Chance der Bärenraupe, über die Straße zu kommen.

Keine Chance. Sechs Meter Asphalt.
Zwanzig Autos in einer Minute.
Fünf Laster, ein Schlepper, ein Pferdefuhrwerk.

Die Bärenraupe weiß nichts von Autos.
Sie weiß nicht, wie breit der Asphalt ist.
Weiß nichts von Fußgängern, Radfahrern, Mopeds.

Die Bärenraupe weiß nur, dass jenseits Grün wächst.
Herrliches Grün, vermutlich fressbar.
Sie hat Lust auf Grün. Man müsste hinüber.

Keine Chance. Sechs Meter Asphalt.
Sie geht los. Geht los auf Stummelfüßen.
Zwanzig Autos in der Minute.

Geht los ohne Hast, ohne Furcht, ohne Taktik.
Fünf Laster, ein Schlepper, ein Pferdefuhrwerk.
Geht los und geht und geht und geht und
kommt an.

Rudolf Otto Wiemer, Schriftsteller und Pädagoge
(1905–1998)

Erfolg buchstabiert sich TUN!

Tag 25:
Das Finale

Mit Elan in die Zielgerade und darüber hinaus!

Liebe Leserin, lieber Leser, nun sind Sie am Ende dieses Buches, unseres 25-Tage-Programms »Reklamation als Chance« angelangt. Heute gibt es keine neuen Theorien, keine Erkenntnisse aus Wirtschaft und Forschung mehr.

Heute geht es ausschließlich darum, wie Sie Ihre Vorhaben aus den vergangenen Wochen weiter in Ihren Praxisalltag integrieren können. Und das geht ganz einfach, denn das Werkzeug dafür haben Sie bereits in Händen und in den letzten vier Wochen erfolgreich praktiziert: Ihre Umsetzungs-Post-its. Sicherlich haben sich im Laufe der fünf Wochen einige Post-its angesammelt, die Sie noch nicht in die Praxis implementiert haben, oder einige der alten Verhaltensmuster sind wieder an die Oberfläche gekommen. Keine Sorge! Führen Sie in den nächsten Wochen Ihre Umsetzungsvorhaben wie gewohnt weiter. Falls die eine oder andere Verständnisfrage zu einem Stichwort auftaucht, brauchen Sie einfach nur in den fünf Kapiteln der jeweiligen Woche bei den fünf Praxistipps nachzulesen und sind gleich wieder im Bilde!

Senden Sie mir Ihre Kommentare, Anregungen und viele Erfolgserlebnisse am besten an obermueller@vbc.at. Ich freue mich auf Ihr Feedback.

Also weiterhin viel Erfolg wünscht Ihnen
Ihr Christian Obermüller!

Ein letzter Gedanke zum Schluss:

Es ist nicht immer leicht

um Entschuldigung zu bitten

noch mal von vorne anzufangen

einen Fehler zuzugeben

einen Rat anzunehmen

einmal völlig selbstlos zu sein

sich nicht immer rechtfertigen zu wollen

aus Fehlern zu lernen

berechtigten Ärger zu unterdrücken

vergeben und vergessen zu können

berechtigte und unberechtigte Vorwürfe einzustecken

Aber es lohnt sich immer!

Literaturverzeichnis

Berne, Eric: Die Spiele der Erwachsenen, RoRoRo Verlag

Birkenbihl, Vera F.: Freude durch Stress, Moderne Verlagsges. Mvg

Birkenbihl, Vera F.: Redetraining für jeden Anlass, Urania Verlag

Feldmann, Heinz: Trotz Fehlern in den Verkaufsolymp, Signum Verlag

Feldmann, Heinz: Preisverhandlungen leicht gemacht, Redline Verlag

Feldmann, Heinz: 8 Stufen zum Verkaufserfolg, Signum Verlag

Harris, Thomas, A.: Ich bin O. K. Du bist O. K., Rowohlt Verlag

Kmenta, Roman: Die letzten Geheimnisse im Verkauf, Signum Verlag

Schulz von Thun, Friedemann: Miteinander reden 1, Rowohlt Verlag

Schulz von Thun, Friedemann: Miteinander reden 2, Rowohlt Verlag

Stauss, Bernd, und Seidel, Wolfgang: Beschwerdemanagement, Hanser Wirtschaft

Tripolt, Niklas: Kundensignale erkennen – Verkaufschancen nutzen, Signum Verlag

Tripolt, Niklas: Spitzenverkaufserfolge, Motivation in schwierigen Zeiten, Signum Verlag

Verra, Stefan: Die Körpersprache im Verkauf, Signum Verlag

Watzlawick, Paul: Die Möglichkeit des Andersseins, Huber Bern

Watzlawick, Paul: Wie wirklich ist die Wirklichkeit, Piper Verlag

Danke

Gina, Johanna und Katharina
für die vielen alltäglichen Kommunikationsübungen

Max Viehböck
für sein »Vorbild-Sein« in meinen verkäuferischen Anfängen

dem VBC-Team,
insbesondere Heinz Feldmann und Niklas Tripolt

Bitte beachten Sie
die folgende Seite

Heinz Feldmann
8 Stufen zum Verkaufserfolg

Zur Spitzenklasse im Außendienst und Key-Account-Verkauf

Die schlechte Nachricht: Verkaufen ist harte Arbeit. Die gute Nachricht: Diese Arbeit kann man lernen – mit den 8 Stufen. Sie stehen für eine praxiserprobte Struktur, die alle wichtigen Schritte und Fähigkeiten enthält, die Sie als Verkaufsprofi brauchen.

Mit Fragestellungen, Übungen und konkreten Beispielen aus der Praxis macht Verkaufstrainer Heinz Feldmann Sie mit allen 8 Stufen vertraut. Sein Buch wird Ihre Arbeit nachhaltig verändern, und Sie werden noch erfolgreicher und lustvoller verkaufen.

144 Seiten, ISBN 978-3-85436-390-3
Signum